Pooja Gupta
Naresh Chandra

Avaliação das propriedades medicinais de Butea monosperma (Lamk.) Taub

Pooja Gupta
Naresh Chandra

Avaliação das propriedades medicinais de Butea monosperma (Lamk.) Taub

ScienciaScripts

Imprint

Cover image: www.ingimage.com

This book is a translation from the original published under ISBN 978-620-6-84643-7.

Publisher:
Sciencia Scripts
is a trademark of
Dodo Books Indian Ocean Ltd. and OmniScriptum S.R.L publishing group

120 High Road, East Finchley, London, N2 9ED, United Kingdom
Str. Armeneasca 28/1, office 1, Chisinau MD-2012, Republic of Moldova, Europe
Printed at: see last page
ISBN: 978-620-8-27818-2

Conteúdo

A árvore Palash
A árvore de palash sem folhas
Em cachos de flores
Ornamentado e florido
E o cuco negro
Pecking e
Cooing de
Os aglomerados vermelho-avermelhados
Da árvore sem folhas
Muito mais cénico e paisagístico
Durante a primavera

~ Bijay Kant Dubey

RECONHECIMENTO

O presente trabalho foi apresentado sob o título "Estudo das propriedades antidiabéticas, antimicrobianas e antioxidantes de partes de plantas de Butea monosperma (Lamk.) Taub." à Universidade de Mumbai (MS), Índia, em abril de 2013, para a atribuição do grau de doutor em Botânica. O trabalho foi avaliado por referências nomeadas pela Universidade de Mumbai e, após um exame de Viva-voce, o trabalho foi aceite pela Universidade de Mumbai e o grau foi atribuído em janeiro de 2014.

Em primeiro lugar, gostaria de expressar a minha mais profunda gratidão ao meu orientador de investigação, o Dr. Naresh Chandra, Pró-Vice-Chanceler da Universidade de Mumbai e antigo Diretor do Birla College, Kalyan, que tem a atitude e a substância de um génio. Foi uma grande inspiração para o meu trabalho de investigação.

Expresso os meus sinceros agradecimentos ao Diretor, Dr. Jossy Vergese, Vice-Diretor e Chefe do Departamento de Botânica e à Dra. (Sra.) Anita Pathak, ex-Chefe do Departamento de Botânica do Birla College, pela sua ajuda. A sua atitude positiva encorajou-me nos momentos difíceis e deu-me sugestões valiosas.

Gostaria de expressar os meus sinceros agradecimentos aos professores do Birla College que foram uma fonte de conhecimento e partilharam os seus valiosos comentários, a Dra. Meeta Bhot, o Dr. Avinash Patil e a Dra. Maninder Kaur.

Os meus agradecimentos pessoais ao pessoal administrativo e de laboratório de Botânica, Birla College, Kalyan, especialmente ao Sr. J.D. Suryavanshi, Lab. Asstt. pelo seu apoio e ajuda na realização do trabalho prático.

Gostaria de expressar o meu mais sincero amor aos meus pais e aos meus sogros pelo seu apoio encorajador e pelas suas bênçãos. Agradeço também ao meu cunhado e ao meu irmão pelo seu trabalho árduo e pela sua ajuda com as suas capacidades. Não há palavras para descrever o papel do meu marido "Sr. Ankit Gupta" pela sua paciência, sacrifício, encorajamento, apoio emocional e à minha querida filha "Kuhoo" por suportar a minha ausência de tempos a tempos, sem a qual esta tese não teria visto a luz do dia. Por último, mas não menos importante, gostaria de agradecer a "DEUS TODO PODEROSO" pelas suas graciosas bênçãos e por me mostrar sempre o caminho correto, sem o qual nada é possível na vida.

Pooja O. M. Gupta

Capítulo 1

Introdução

INTRODUÇÃO

A natureza é sempre um marco de ouro para exemplificar o fenómeno notável da simbiose e tem fornecido remédios para curar a maioria das doenças da humanidade (Srujana *et al.*, 2012). Os seres humanos têm confiado na natureza para as suas necessidades básicas de alimentação, abrigo, vestuário, transporte, fertilizantes, sabores, fragrâncias e medicamentos desde os tempos antigos (Cragg e Newman, 2005). As plantas têm constituído a base de sofisticados sistemas de medicina tradicional.

Os produtos naturais provenientes de plantas, animais e minerais têm sido a base do tratamento das doenças humanas. A medicina à base de plantas continua a ser a base de cerca de 75-80% da população mundial, principalmente nos países em desenvolvimento, para os cuidados de saúde primários, devido à sua melhor aceitabilidade cultural, melhor compatibilidade com o corpo humano e menores efeitos secundários (Kamboj, 2000). Os medicamentos à base de plantas derivam, portanto, de tradições ricas de civilizações antigas e do património científico. A Índia está sentada numa mina de ouro de conhecimentos bem registados e bem praticados da medicina tradicional à base de plantas. Os vários sistemas indígenas, como o Siddha, o Ayurveda, o Unani e a alopatia, utilizam várias espécies de plantas para tratar diferentes doenças (Rabe e Staden, 1997). Os medicamentos alopáticos têm muitos efeitos secundários. Este facto levou a um aumento da procura de medicamentos à base de plantas. Registou-se um aumento súbito do número de fabricantes de medicamentos à base de plantas (Agarwal, 2005). As práticas médicas tradicionais continuam ainda hoje a ser utilizadas devido aos seus benefícios biomédicos e ao seu lugar nas crenças culturais em muitas partes do mundo.

A Organização Mundial de Saúde (OMS) definiu recentemente a medicina tradicional (incluindo os medicamentos à base de plantas) como compreendendo as práticas terapêuticas que existiam, muitas vezes há centenas de anos, antes do desenvolvimento e da difusão da medicina moderna e que continuam a ser utilizadas atualmente (Fahn, 1989). Na Índia, foram registadas recentemente cerca de 20 000 espécies de plantas medicinais, mas mais de 800 espécies de plantas são conhecidas pela cura de diferentes doenças (Mishra *et al.*, 2011). Quase 80% da população mundial depende de medicamentos derivados de plantas para a primeira linha de cuidados de saúde primários para o alívio humano, porque não têm efeitos secundários (Caniago e Siebert, 1998).

Os produtos naturais e os seus derivados representam mais de 50% de todos os medicamentos utilizados clinicamente no mundo atual (Boopathy e Kathiresan, 2010). Nos últimos 40 anos, muitos medicamentos potentes foram obtidos a partir de plantas com flores; por exemplo, a diosgenina da espécie *Dioscorea*, da qual derivaram todos os agentes contraceptivos anovulatórios; a reserpina e outros alcalóides anti-hipertensivos e tranquilizantes de espécies de *Rauwolfia,* a pilocarpina para tratar o glaucoma e a "boca seca", derivada de espécies de

Pilocarpus da família Citrus, dois potentes agentes anticancerígenos da *Catharanthus roseus*, agentes laxantes de espécies de *Cassia* e um agente cardiotónico para tratar a insuficiência cardíaca de espécies de *Digitalis* (Newman *et al.*, 2000).

As plantas têm sido utilizadas como medicamentos há milhares de anos (Samuelsson, 2004). Inicialmente, estes medicamentos assumiam a forma de drogas brutas, tais como tinturas, chás, cataplasmas, pós e outras formulações à base de plantas (Balick e Cox, 1997; Samuelsson, 2004). As plantas específicas a utilizar e os métodos de aplicação para determinadas doenças eram transmitidos através da comunicação oral. Eventualmente, a informação relativa às plantas medicinais foi registada em farmacopeias de ervas (Balunas e Kinghorn, 2005).

Medicina ayurvédica (medicina tradicional indiana)

A Ayurveda é uma das mais antigas tradições medicinais. É provavelmente mais antiga do que a medicina tradicional chinesa e é considerada a origem da medicina sistematizada. Na verdade, é um conjunto de diretrizes práticas e holísticas para manter o equilíbrio e a harmonia no sistema. Pensa-se que Dioscórides (que influenciou Hipócrates) retirou muitas das suas ideias da Índia. Os antigos escritos hindus sobre medicina não contêm referências a medicamentos estrangeiros, ao passo que os textos gregos e do Médio Oriente fazem referência a conceitos e medicamentos de origem indiana (Magner, 1992; Chopra, 2000).

Ayurveda deriva das palavras indianas "Ayur" (vida) e "veda" (conhecimento ou ciência), pelo que Ayurveda significa a ciência da vida. O Veda é um texto antigo, dividido em quatro partes: Rig Veda, Sama Veda, Yajur Veda e Atharva Veda, o mais antigo dos quais data de 2000 anos a.C. Os princípios da medicina ayurvédica e as utilizações medicinais das plantas estão contidos em milhares de hinos poéticos do Rig Veda. A primeira escola a ensinar medicina ayurvédica foi a Universidade de Banaras, em 500 a.C., onde foi escrita a grande Samhita (ou enciclopédia de medicina). Uma outra grande enciclopédia foi escrita 700 anos mais tarde, e estas duas juntas formam a base da Ayurveda (Chopra, 2000).

A Ayurveda é semelhante à medicina galénica na medida em que se baseia nos humores do corpo (dosas) e na força vital interna (prana) que se acredita manter a digestão e a atividade mental. O ambiente vivo e o ambiente não vivo, incluindo os seres humanos, são considerados elementos: terra (prithvi), água (jala), fogo (tejac), ar (vayu) e espaço (akasa). Para compreender estas tradições, o conceito de impureza e de limpeza é também essencial. A doença é a consequência de um desequilíbrio entre os vários elementos e o objetivo do tratamento é restabelecer esse equilíbrio (Magner, 1992).

As plantas medicinais ayurvédicas populares incluem *Azadirachta indica* (neem), *Centella asiatica* (brahmi), *Cinnamomum camphora* (cânfora), *Rauwolfia serpentina* (raiz de cobra indiana), *Santalum album* (sândalo), *Terminalia species* (myrobolan) e *Withania somnifera* (aswargandha) (Kapoor, 1990; Magner, 1992; Padua *et al.*, 1999; Gurib-Fakim, 2006*). Butea monosperma* (Lamk.) Taub é uma das plantas medicinais importantes utilizadas no sistema de medicina tradicional.

***Butea monosperma* (Lamk.) Taub.**

Posição sistemática de *Butea monosperma* (Lamk.) Taub.

Divisão	:	Spermatophyta
Subdivisão	:	Angiospermae
Classe :		Dicotiledóneas
Subclasse	:	Polypetalae
Série :		Calyciflorae
Encomendar :		Rosales
Família	:	Leguminosas
Subfamília	:	Fabáceas
Género	:	*Butea*
Espécies	:	*monosperma*

Diferentes espécies de *Butea* encontradas na Índia

Butea parviflora Roxb., *Butea purpurea* Benth., *Butea monosperma* (Lamk.) Taub., *Butea superba* Roxb. (Almeida, 1998).

Os nomes clássicos de *Butea monosperma* (Lamk.) Taub. em sânscrito são Palasha, Kinshuka, Parna, Raktapushpaka, Ksharshreshtha, Vatapotha, Brahmavrishka, Samidwara, Yagniya (Sharma *et al.*, 2000).

Os nomes vernáculos de *Butea monosperma* (Lamk.) Taub. são

Flame of forest, Bastard teak (Inglês); Dhak, Palas (Hindi); Palas (Bengali); Khakara, Khakda, Khakhado, Khakhar, Khakharo (Gujarati); Mutaagamara (Kannada); Plasu, Pilacham, Palashinsamat (Malayalam); Palas, Khakhar, Khakharo (Marathi); Chichra, Dhak, Palas (Punjabi); Palashamaram, Camata (Tamil); Modugai, Paladu (Telugu); Faras, Paras (Bihar); Dhak (Kashmiri); Porasur (Oriya); Palah (Pérsia); Palashpara (Urdu) (Sharma *et al.*, 2000)

Butea monosperma (Lamk.) Taub. vulgarmente conhecida como Chama da floresta, pertence à família Fabaceae (Patil *et al.*,2006). Em Bengala Ocidental está associada à estação da primavera e tem o nome do Conde de Bute, um patrono da Botânica. Diz-se também que a árvore é uma forma de Agnidev, Deus do Fogo. Foi um castigo que a Deusa Parvati lhe deu por ter perturbado a privacidade dela e do Senhor Shiva (Rai *et al.*, 2011). É uma árvore sagrada, referida como tesoureira do deus, e utilizada em rituais relacionados com sacrifícios. Das suas madeiras são feitos utensílios sagrados. As flores são oferecidas como substituto do sangue em rituais de sacrifício à deusa Kali. *A Butea monosperma* (Lamk.) Taub. é comum em toda a Índia, Birmânia e Ceilão, exceto em zonas muito áridas. Na Índia, o palas é, a seguir ao kusum *(Schleichera trijuga)*, uma árvore hospedeira do inseto lac (Kirtikar e Basu, 1935 e Kapoor, 2005). Quando está em plena floração, esta árvore é vistosa e bonita em todas as selvas indianas (Cooke, 1902). Desde há séculos que quase todas as partes da planta desta árvore estão a ser utilizadas na medicina e para outros fins. Atualmente, os medicamentos à base de plantas estão a tornar-se populares devido à sua eficácia, fácil disponibilidade, baixo custo e por serem comparativamente desprovidos de efeitos secundários.

Butea monosperma (Lamk.) Taub. é uma das quatro espécies pertencentes ao género *Butea* Koenig, distribuído na Ásia tropical (The Wealth of India, 1948). Ocupa um lugar importante devido às suas utilizações medicinais e outras utilizações diversas de valor económico.

Fitoquímica

As folhas de *Butea monosperma* (Lamk.) Taub. contêm glucósido, óleo de quino contendo ácido oleico e linoleico, ácido palmítico e ácido lignocérico (Nadkarni, 2002).

A casca de *Butea monosperma* (Lamk.) Taub contém ácido kino-tânico, ácido gálico e pirocatequina. Contém também palasitrina e os principais glicosídeos como butrina, alanind, ácido alofânico, ácido butólico, cianidina, histidina, lupenona, lupeol, (-)- medicarpina, miroestrol, palasimida e ácido shellólico (Nadkarni, 2002; Indurwade *et al*, 2005; Shah *et al.*,1992; Madhav *et al.*, 1967; Porwal *et al.*; 1988; Robinson *et al.*, 1937; Bandara *et al.*, 1990; Schoeller *et al.*, 1938).

As flores de *Butea monosperma* (Lamk.) Taub. contêm triterpenos, buteína, butina, isobutrina, coreopsina, isocoreopsina (butina 7-glucósido), sulfureína, monospermosídeo (buteína3-e-D-glucósido), chalconas, auronas, flavonóides (palastrina, prunetina), isomonospermosídeo e esteróides (Lavhale e Mishra, 2007; Gupta *et al*, 1970). O caule de *Butea monosperma* (Lamk.) Taub contém 3-a-hidroxieuph - 25 - ene e 2, 14 - dihidroxi - 11, 12 - dimetil - 8 - oxo - octadec -11 enilciclohexano (Guha *et al.*, 1990). A goma da casca de *Butea monosperma* (Lamk.) Taub. contém taninos, material mucilaginoso e pirocatecina (The Wealth of India, 1948).

As sementes de *Butea monosperma* (Lamk.) Taub. contêm óleo (amarelo e insípido), enzimas proteolíticas e lípolíticas, proteinase vegetal e polipeptidase (The Wealth of India, 1948). Um composto ácido azotado, juntamente com a palasonina, está presente nas sementes (Gupta *et al,* 1970). Contém também monospermosídeo (buteína3- B-D-glucosídeo) e isomonospermosídeo. Foi isolado e identificado o ácido alofânico do revestimento das sementes (Jawaharlal *et al.*, 1978; Rastogi e Mehrotra, 1979).

A resina de *Butea monosperma* (Lamk.) Taub. contém ésteres jaláricos I, II e ésteres laccijaláricos III, I, a-amirina, B-sitosterona, o seu glucósido e sacarose; e lactona-n-ácido 8-lactona heneicosanóico (Rastogi e Mehrotra, 1979; Singh *et al.*, 1974). A seiva de *Butea monosperma* (Lamk.) Taub. contém chalconas, buteína, butina, flavanona isomérica incolor, glucósido e butrina (The Wealth of India, 1948).

Butea monosperma (Lamk.) Taub. partes de plantas utilizadas em medicina

Folhas

As folhas de *Butea monosperma* (Lamk.) Taub. são boas para as doenças dos olhos. As folhas são úteis como aperitivo, adstringente, carminativo, anti-helmíntico, afrodisíaco, tónico, diminui a inflamação, cura furúnculos e hemorróidas. O pó das folhas é útil na cura da diabetes. O extrato das folhas é utilizado para gargarejar em caso de dor de garganta e ajuda a tratar hemorragias irregulares durante a menstruação. O sumo do pecíolo é utilizado para curar a tosse, constipação e problemas de estômago.

Casca do caule

O pó da casca do caule de *Butea monosperma* (Lamk.) Taub. é utilizado para aplicar em ferimentos causados por machados e inchaços no corpo. O sumo do caule é aplicado no bócio do ser humano. A casca é acre, amarga, apetitosa, afrodisíaca, laxante, anti-helmíntica, útil em fracturas dos ossos, doenças do ânus, disenteria, hemorróidas, hidrocele, cura úlceras e tumores. A casca é útil na biliosidade, dismenorreia, doenças do fígado, gonorreia e purifica o sangue. A cinza do ramo jovem é prescrita em combinação com outros medicamentos em caso de picada de escorpião (Patil *et al.*, 2006; Kirtikar e Basu, 1935).

Flores

As flores de *Butea monosperma* (Lamk.) Taub. são adstringentes para os intestinos, aumentam "Vata", curam "Kapha", lepra, gota, doenças de pele, sede, sensação de ardor. As flores são amargas, afrodisíacas, expectorantes, tónicas, diuréticas, boas para a biliosidade, inflamação e gonorreia. A tintura é útil no aumento do baço. As flores são depurativas, como cataplasma são utilizadas para dispersar o inchaço e para promover o fluxo menstrual. São úteis na diarreia, evitam o pus do trato urinogenital dos homens, ajudam a reduzir o calor corporal, a febre crónica, as doenças oculares e curam a leucorreia (Patil *et al.*, 2006; Kirtikar e Basu, 1935).

Sementes

As sementes em pó de *Butea monosperma* (Lamk.) Taub. são úteis como remédio contra vermes intestinais, pedras urinárias, hemorróidas, doenças oculares e inflamação. As sementes são digeríveis, aperientes, curam 'Vata' e 'Kapha', doenças de pele, tumores, problemas abdominais e, de acordo com a Ayurveda, são administradas para a escorpionose (Patil *et al.*, 2006; Kirtikar e Basu, 1935).

Goma

A goma de *Butea monosperma* (Lamk.) Taub. é aplicada em fissuras na sola do pé. 2 colheres de goma diluída são aconselhadas para disenteria até à cura. A goma é adstringente para os intestinos, boa para a estomatite, tosse, opacidades da córnea e cura a transpiração excessiva (Patil *et al.*, 2006; Kirtikar e Basu, 1935).

Raízes

As raízes de *Butea monosperma* (Lamk.) Taub. curam a cegueira nocturna e outros defeitos da visão, são úteis na elefantíase, impotência e antídoto para a mordedura de cobra (Patil *et al.*, 2006; Kirtikar e Basu, 1935).

Utilizações populares de *Butea monosperma* (Lamk.) Taub.

As sementes de *Butea monosperma* (Lamk.) Taub. são há muito apreciadas como anti-helmíntico, para vermes redondos e ténias. As sementes novas em pó fresco dão resultados bastante bons contra ascaris. O óleo, as sementes em pó e um extrato alcoólico de sementes provaram ser ineficazes contra ancilóstomos, etc. Quando batidas com sumo de limão e aplicadas, as sementes actuam como um poderoso rubifaciente e têm sido utilizadas com sucesso na cura de uma forma de herpes, conhecida como comichão de Dhobie. (The Wealth of India, 1948). As folhas, a flor e a solução de goma são utilizadas externamente para dispersar furúnculos, borbulhas, bubões e hemorróidas. Uma decocção fraca da casca é administrada em catarros, constipações e tosse (Khare, 2004).

Utilizações clássicas de *Butea monosperma* (Lamk.) Taub.

Charaka prescreveu o extrato de raiz, casca e folhas de *Butea monosperma* (Lamk.) Taub. como ingredientes de um ghee medicinal para a obstipação, cólicas e disúria e, externamente, sob a forma de pomada para doenças da pele. Sushruta utilizava a droga internamente como anti-tóxico, anti-sético, estípico e adstringente. É prescrito em distúrbios menstruais, fraqueza seminal, obesidade, hemorróidas, cálculos urinários, descargas urinárias, mau funcionamento do fígado, disenteria persistente, abcessos internos, glândulas abdominais, úlceras que não cicatrizam, doenças de pele e lepra. Bhavya prakaassha recomenda o pó da semente para ascaris externamente, o pó batido com sumo de limão, para micose e herpes (Khare, 2004).

Outras utilizações de *Butea monosperma* (Lamk.) Taub.

Na Índia, as folhas jovens de *Butea monosperma* (Lamk.) Taub. são uma boa forragem, consumida principalmente por búfalos. Embora as folhas sejam bastante ricas em nutrientes, os valores de digestibilidade são baixos, comparáveis apenas aos da palha. A madeira constitui um combustível de qualidade moderada. As folhas são por vezes utilizadas como combustível. A madeira é queimada para a produção de carvão de pólvora. Um material fibroso grosseiro obtido a partir da casca interna é utilizado para cordas, para calafetar as costuras dos barcos e para fazer papel. Da casca obtém-se um exsudado vermelho que endurece e dá origem a uma goma conhecida como "goma de Butea" ou "Bengalkino". Pode ser utilizada como corante e como tanino. Um corante amarelo vivo a vermelho alaranjado profundo, preparado a partir das flores, é utilizado especialmente para tingir a seda e, por vezes, o algodão. Este corante é utilizado pelos hindus para marcar a testa. A casca é utilizada para o curtimento. As folhas frescas são utilizadas para fazer pratos e tigelas. As flores e os frutos jovens são utilizados como legumes pelas tribos. As sementes produzem óleo transparente. As sementes apresentam actividades bactericidas e fungicidas. As flores são úteis no tratamento de doenças do fígado e as sementes actuam como anti-helmíntico. Uma goma adstringente que escorre do caule cortado tem propriedades medicinais como um poderoso adstringente e é aplicada em casos de diarreia. A árvore é um importante hospedeiro do inseto lacticida (Lacciferlacca), que produz goma-laca. De todas as árvores de laca, é a que produz mais pau de laca por hectare (Orwa *et al.,* 2009). *A Butea monosperma* (Lamk.) Taub. é comestível e não tem utilizações culinárias.

Propagação e gestão

A Butea monosperma (Lamk.) Taub. regenera-se naturalmente tanto por sementes como por rebentos de raízes. A propagação artificial é feita principalmente a partir de sementes de sementeira direta, semeadas a 25-30 cm de distância em linhas de 3-5 m de distância. O sistema taungya é frequentemente utilizado, uma vez que a monda durante os primeiros 1-2 anos é essencial para o bom desenvolvimento das plantas. A propagação também pode ser efectuada através de estacas de raiz e de plântulas de viveiro. Devido ao bom poder de talhadia desta espécie, é também um método fiável de propagação natural. A germinação, que começa em cerca de 10-12 dias, completa-se em 4 semanas. As sementes frescas têm uma boa capacidade germinativa (cerca de 63%) a uma temperatura óptima de germinação de cerca de 30°C. A germinação é hipogénica. Geralmente cresce de forma gregária em prados abertos e dispersa em florestas mistas. As plantações podem ser efectuadas tanto em terrenos irrigados como em terrenos secos. As vagens devem ser colhidas e semeadas antes do início das chuvas, os rebentos de raiz são produzidos livremente e ajudam na propagação vegetativa (The Wealth of India, 1948).

Gestão das árvores

A Butea monosperma (Lamk.) Taub. é moderada na sua exigência de luz. Embora possa suportar alguma sombra, a sombra densa suprime o seu crescimento. As árvores polinizam e copam bem e produzem rebentos de raiz livremente. Suportam também um forte corte anual. É bem adaptada para a pastagem de silvo em grandes espaçamentos (10-15m) em extensas áreas de pastagem. Os rebentos de talhadia são igualmente cultivados em anos intermédios para a obtenção de folhas maiores. Em condições de sequeiro e no seu habitat natural, a gestão da talhadia produz cerca de 100 kg/árvore de lenha seca ao ar de 5 em 5 anos. Se se deixar crescer, as árvores atingem uma altura de 3-5m e um perímetro redondo de 15-20cm em 10 anos. As plantações podem ser efectuadas tanto em terrenos irrigados como em terrenos de sequeiro.

Gestão do germoplasma

O comportamento de armazenamento das sementes é ortodoxo; não há perda de viabilidade durante 2 anos de armazenamento hermético à temperatura ambiente. Existem aproximadamente 500 a 1500 sementes/kg de *Butea monosperma* (Lamk.) Taub.

Pragas

As plântulas e as mudas de *Butea monosperma* (Lamk.) Taub. são exploradas e danificadas pelo gado. Os ratos e os porcos-espinhos alimentam-se das raízes carnudas, matando o rebento.

As pragas de insectos atacam diferentes partes da árvore. Foram registados vários desfolhadores pertencentes às famílias *Arctiidae, Eucosmidae, Lasiocampidae, Lymantriidae, Noctuidae, Notodontidae, Pieridae* e *Sphingidae*. Os insectos da família *Coccidae* alimentam-se da seiva. As larvas de alguns insectos da família *Lycaenidae* alimentam-se das flores. *A Xanthomonas buteae* provoca manchas negras nas folhas, que, em caso de infeção grave, cobrem toda a superfície foliar e provocam uma desfolha prematura. *Phomopsis buteae* e *Pseudodiplodia buteae* também foram registados nas folhas.

As formulações e preparações de *Butea monosperma* (Lamk.) Taub. são Krimikuthara rasa, Mahanarayana taila, Janamghutti, Palashabijadi churna, Palshaksharaghrita (Sharma *et al.*, 2000).

Na antiga literatura ayurvédica, este medicamento é amplamente mencionado no tratamento de Krimi Roga (infestações por vermes). Entra na composição de algumas receitas muito importantes e amplamente utilizadas de medicamentos ayurvédicos utilizados no tratamento de Krimi Roga. No Sushruta samhita, esta droga foi descrita em quatro grupos diferentes de medicamentos à base de plantas, como Rudaradigana, Musakadigana, Amabasatadigana e Nyagrodhabigana, que tratam de diferentes doenças, como Medoroga, Striroga, Prameha, e também são-lhe atribuídas propriedades Kapha e Pittanasak. A primeira menção da sua propriedade Krimighna encontra-se no Sushruta samhita e os autores ayurvédicos posteriores descreveram também a sua eficácia em Netraroga e a sua ação adstringente em diferentes condições. Na literatura ayurvédica antiga e posterior, esta droga foi mencionada isoladamente ou como constituinte de muitos medicamentos preparados utilizados no tratamento de Krimi Roga. Um ensaio clínico da planta na infestação por vermes provou a sua eficácia em casos de infestações por vermes redondos e vermes filiformes, tendo-se verificado que o medicamento era ineficaz no único caso de infestação por ténias. A utilização de "Rasayana Ayurvédica" (medicina herbácea) contendo *Butea monosperma* (Lamk.) Taub. na gestão da giardíase talvez por imunomodulação, uma vez que a "Rasayana" não exibiu um efeito de morte no parasita *in-vitro* (Agarwal *et al.*,1994).

O potencial das plantas superiores como fonte de novos fármacos está ainda largamente inexplorado. Entre as estimadas 250 000 - 500 000 espécies de plantas, apenas uma pequena percentagem foi investigada fitoquimicamente e a fração submetida a rastreio biológico ou farmacológico é ainda menor. Assim, qualquer investigação fitoquímica de uma determinada planta revelará apenas um espetro restrito dos seus constituintes. Historicamente, o rastreio farmacológico de compostos de origem natural ou sintética tem sido a fonte de vários agentes terapêuticos. O rastreio aleatório como ferramenta para a descoberta de novas moléculas biologicamente activas tem sido mais produtivo na área dos antibióticos (Gerhartz *et al.*, 1985; Kroschwitz e Howe- Grant, 1992). Ainda hoje, contrariamente à crença comum, os medicamentos provenientes de plantas superiores continuam a ocupar um lugar importante na medicina moderna. A nível mundial, são atualmente utilizados pelo menos 130 medicamentos, todos eles entidades químicas únicas extraídas de plantas superiores ou modificadas sinteticamente, embora alguns deles estejam agora a ser fabricados sinteticamente por razões económicas (Newman *et al.*, 2000).

A diabetes é uma doença metabólica crónica caracterizada por uma alteração do metabolismo dos hidratos de carbono, das gorduras e das proteínas, que aumenta o risco de obstipação vascular (Barar, 2000 e Devlin, 1997). Embora estejam disponíveis diferentes tipos de agentes hipoglicemiantes orais, juntamente com a insulina, para o tratamento da diabetes, há um aumento da procura, por parte dos doentes, de produtos naturais com atividade antidiabética (Venkatesh *et al.*, 2003). Os agentes hipoglicémicos sintéticos atualmente utilizados no tratamento da diabetes mellitus produzem efeitos secundários graves, incluindo coma hematológico e perturbações hepáticas e renais. Além disso, não são adequados para utilização durante a gravidez (Lancer, 1985). Por isso, atualmente, em todo o mundo, a ênfase é colocada nas plantas medicinais que têm menos efeitos secundários. A OMS recomenda a utilização de plantas medicinais para o tratamento da diabetes mellitus (OMS, 1980). As plantas medicinais que são mais eficazes em relação à diabetes são *Allium sativum, Gymnema sylvestre, Murraya kooenigii* (Jain *et al.*, 2006), *Syzigium cumini, Gymnema sylvestre, Momordica charantia* (Wadkar *et al.*, 2008).

As plantas medicinais representam uma fonte rica de agentes antimicrobianos. As plantas são utilizadas para fins medicinais em diferentes países e são uma fonte de muitos medicamentos potentes e poderosos (Srivastava *et al.*, 1996). Uma vasta gama de partes de plantas medicinais é utilizada para extração como medicamentos em bruto e possui propriedades medicinais variadas. As diferentes partes utilizadas incluem a raiz, o caule, a flor, o fruto, os exsudados dos ramos e os órgãos vegetais modificados. Enquanto algumas destas drogas em bruto são recolhidas em pequenas quantidades pelas comunidades locais e pelos curandeiros para uso local, muitas outras drogas em bruto são recolhidas em grandes quantidades e comercializadas no mercado como matéria-prima para muitas indústrias de plantas medicinais (Uniyal *et al.*, 2006). Embora centenas de espécies de plantas tenham sido testadas quanto às suas propriedades antimicrobianas, a grande maioria delas não foi adequadamente avaliada (Balandrin *et al.*, 1985). São exemplos de ação antimicrobiana a alinina em *Allium sativum* (alho), as berberinas em *Hydrastic canadensis* (goldenseal) (Trease e Evans, 1972), a benzofenona em *Gracinia kola* (cola amarga), o ácido diterpénico e o ácido xilopícico em *Xylopia aethiopica* (pimenta etíope) (Iwu *et al.*, 1999). Considerando o vasto potencial das plantas como fontes de medicamentos antimicrobianos com referência ao agente antibacteriano, foi realizada uma investigação sistemática para analisar a atividade antibacteriana de *Butea monosperma* (Lamk.) Taub.

Os antioxidantes são sequestradores de radicais que protegem o corpo humano contra os radicais livres que podem causar condições patológicas como isquemia, anemia, asma, artrite, inflamação, degeneração neurológica, doenças de Parkinson, mongolismo, processo de envelhecimento e talvez demências (Polterit, 1997). Os flavonóides e as flavonas são metabolitos secundários amplamente distribuídos com propriedades antioxidantes e anti-radicalares (Nakayoma e Yamada, 1995).

As plantas são potentes fábricas bioquímicas e têm sido componentes da fitomedicina e o homem é capaz de obter delas uma variedade maravilhosa de produtos químicos industriais. Os constituintes naturais das plantas podem ser obtidos a partir de diferentes partes da planta, como a casca, as folhas, as flores, as raízes, os frutos, as sementes, etc. As diferentes partes da planta podem conter componentes activos. Os efeitos medicinais benéficos dos materiais vegetais resultam normalmente das combinações de produtos secundários presentes nas plantas. As acções medicinais das plantas são exclusivas de determinadas espécies ou grupos de plantas e são coerentes com o seu conceito, uma vez que a combinação de produtos secundários numa determinada planta é taxonomicamente distinta. Nas últimas três décadas, surgiram medicamentos ou formulações à base de antioxidantes para a prevenção e o tratamento de doenças complexas como a arteriosclerose, o acidente vascular cerebral, a diabetes, a doença de Alzheimer e o cancro (Devasagayam *et al.,* 2004). Este facto atraiu um grande interesse da investigação sobre os antioxidantes naturais. Foi relatado que várias ervas e especiarias apresentam atividade antioxidante, incluindo o alecrim, a salva, o tomilho, a noz-moscada, a curcuma, a pimenta branca, a malagueta, o gengibre, etc. (Lee *et al.*, 2003). Para além dos compostos acima referidos encontrados em alimentos naturais, sabe-se que a vitamina C e E, o beta-caroteno e o tocoferol possuem potencial antioxidante (Prior, 2003).

No presente estudo, foi feita uma tentativa de investigar os constituintes fitoquímicos das partes de plantas de *Butea monosperma* (Lamk.) Taub. de dois locais diferentes (Murbad e Lonavala) e a sua atividade antioxidante, antidiabética e antimicrobiana da folha, da casca e das flores recolhidas em Murbad. Estas investigações científicas podem ser utilizadas para desenvolver medicamentos para doenças.

Capítulo 2

Revisão da literatura

REVISÃO DA LITERATURA

Butea monosperma (Lamk.) Taub. (família: Fabaceae) é uma árvore caducifólia de tamanho médio, que se encontra na maior parte da Índia e que se diz ter numerosas utilizações no sistema de medicina indígena da Índia. São descritas várias propriedades medicinais para as flores, folhas, casca e raízes desta planta. As folhas são utilizadas para curar furúnculos. As raízes são úteis na elefantíase e na cura da cegueira nocturna. As flores são descritas como possuindo propriedades adstringentes, depurativas, afrodisíacas e tónicas (Chopra *et al.*, 1956).

Kaleysaraj e Kurup (1968) mostraram que o extrato aquoso das sementes de *Butea monosperma* (Lamk.) Taub. possui atividade anti-hipertensiva em cães. As flores de *Butea monosperma* (Lamk.) Taub. revelaram a presença de sete glicosídeos flavonóides. Dois deles são a butrina e a isobutrina, que foram isolados anteriormente da planta. Três glucósidos foram identificados como coreopsina, isocoreospina e sulfureína. Os dois restantes são novos e foram-lhe atribuídas as estruturas (monospermosídeo) e (isomonospermosídeo) (Gupta *et al.*, 1970).

Quatro ésteres ácidos essencialmente puros, que, no seu conjunto, constituem a maior parte da resina macia, foram isolados de *Butea monosperma* (Lamk.) Taub. seedlac. Estes ésteres ácidos são designados por éster jalarico-I, éster jalarico-II, éster laccijalarico-I e éster laccijalarico-II (Singh *et al.*, 1974). Os constituintes flavonóides do éter de petróleo, do extrato aquoso e do extrato alcoólico da flor de *Butea monosperma* (Lamk.) Taub. mostraram atividade antiestrogénica. O extrato alcoólico de sementes *de Butea parveflora* e o extrato de éter de petróleo e benzeno de sementes e flores de *Butea monosperma* (Lamk.) Taub. mostraram a atividade antifertilidade em ratos albinos fêmeas (Garg *et al.*, 1978).

A cromatografia em papel revelou que a isobutrina é o componente principal com uma cor amarela intensa. Exceptuando a estabilidade relativamente fraca na presença de SO2 e de ácido ascórbico, o pigmento era estável em condições variáveis de pH, calor e luz. Em concentrações idênticas, o extrato de flores e o corante sintético de alcatrão de hulha produziram uma intensidade de cor comparável (Oke *et al.*, 1980).

As lectinas como a aglutinina de *Butea monosperma* (Lamk.) Taub. (BMA) isolada das sementes de *Butea monosperma* (Lamk.) Taub. são responsáveis pela propriedade aglutinante. Esta propriedade foi demonstrada apenas pelas sementes e não pelas flores, folhas, raízes e caules (Ghosh *et al.*, 1981).

A isobutrina e a butrina, os princípios anti-hepatotóxicos das flores, foram relatados e esta atividade foi monitorizada através da lesão hepática induzida por CCl4 e Gain- *in vitro* (Wagner *et al.*, 1986). A butina isolada das sementes de *Butea monosperma* (Lamk.) Taub. foi relatada como tendo atividade anti-implantação em ratos (Bhargava, 1986). A butina isolada das suas flores apresenta propriedades contraceptivas masculinas e femininas (Bhargava, 1988).

Os extractos de éter de petróleo e de acetato de etilo da casca do caule de *Butea monosperma* (Lamk.) Taub. apresentaram atividade antifúngica contra

Cladosporium cladosporioides. O constituinte ativo de baixa polaridade foi isolado por fracionamento cromatográfico monitorizado por bioensaio e identificado como (-)-medicarpina por comparação de dados físicos. Verificou-se que a atividade antifúngica da (-)-medicarpina era superior à do Benlate, um fungicida padrão, enquanto o acetato de (-)-medicarpina também apresentou uma atividade significativa contra *Cladosporium cladosporioides* (Bandara *et al.*, 1989). Foi também referido que o extrato alcoólico de flores de *Butea monosperma* (Lamk.) Taub. apresenta atividade antifertilidade (Razdan, 1970) e atividade antiestrogénica (Laumas e Uniyal, 1966; Shah *et al.*, 1990).

Investigações fitoquímicas das flores secas de *Butea monosperma* (Lamk.) Taub. revelaram a presença de pelo menos sete flavonas e constituintes flavonóides, incluindo butrina e isobutrina, e também quatro aminoácidos livres. Verificou-se que o extrato alcoólico purificado a uma dose mais baixa e os extractos etéreo e aquoso a uma dose mais elevada exibem uma atividade antiestrogénica significativa em ratos imaturos, enquanto o extrato de acetato de etilo contendo butrina e isobutrina exibiu uma atividade fraca. Foi observada uma inibição significativa do aumento de peso do útero, cornificação do epitélio vaginal e alterações histológicas caraterísticas (Shah *et al.*, 1990).

A giardíase é uma infeção gastrointestinal comum causada por um parasita protozoário, Giurdia lamblia. O Pippali rasayana (PR), um medicamento ayurvédico à base de plantas, preparado a partir de *Piper longum* (Pippali) e *Butea monosperma* (Palash), no qual são utilizadas cinzas do caule, da raiz, da flor e das folhas de *Butea monosperma* (Lamk.) Taub. tem uma atividade significativa contra a giardíase. Produziu até 98% de recuperação da infeção. O rasayana não teve qualquer efeito mortal sobre o parasita *in vitro* (Agarwal *et al.*, 1994).

Foi purificada uma nova lectina das sementes de *Butea monosperma* (Lamk.) Taub. por cromatografia de afinidade em *N-acetil* galactosamina-agarose. A lectina aglutina os eritrócitos humanos. A atividade aglutinante é inibida pela N-acetil galactosamina (Wongkham *et al.*, 1994). Sementes de *Butea monosperma* (Lamk.) Taub. que mostram especificidade em relação aos eritrócitos humanos (Bhalla e Walter, 1999).

A parte solúvel em água do extrato etanólico de flores de *Butea monosperma* (Lamk.) Taub. (100-400 mg/kg i.p.) atenuou o stress de imersão em água induzido pela elevação dos níveis de serotonina cerebral e de corticosterona plasmática. O índice de úlcera também diminuiu de forma dependente da dose. O diazepam (0,2 mg/kg i.p.), que foi utilizado como padrão de referência, apresentou efeitos semelhantes (Bhatwadekar *et al.*, 1999).

Os extractos etanólicos das folhas de *Albizzia lebbeck* e das flores de *Hibiscus rosa sinesis* e o extrato de éter de petróleo das flores de *Butea monosperma* (Lamk.) Taub. apresentaram atividade anticonvulsiva. As fracções protegeram os animais de choques eléctricos máximos, de acendalhas eléctricas e de convulsões induzidas por pentilenotetrazol em ratos. As fracções também inibiram as convulsões

induzidas pela lítio-pilocarpina e pelo kindling elétrico. No entanto, não protegeram os animais das convulsões induzidas pela estricnina. As fracções antagonizaram os efeitos comportamentais da D-anfetamina e potenciaram o sono induzido pela pentobarbitona. As fracções aumentaram o teor cerebral de ácido gama-aminobutírico (GABA) e de serotonina. Estas fracções foram consideradas ansiogénicas e depressoras gerais do sistema nervoso central (Kasture *et al.*, 2000).
Mishra *et al.,* (2000) relataram 3,9-dimetoxipterocapan da fração de acetato de etilo dos extractos de metanol das folhas e a fração de hexano dos extractos de metanol produziu 3-alfa-hidroxieuph-25- enylheptacosanote. *Butea monosperma* (Lamk.) Taub. relatou a atividade anti-helmíntica *in vitro* do extrato de metanol da semente (Prashant *et al.*, 2001). É relatada a utilização do óleo da semente como tónico sexual tradicional e contracetivo (Pandey, 2001). *Butea monosperma* (Lamk.) Taub. apresentou uma avaliação antimicrobiana do seu potencial antientérico contra *Salmonella typhii* multirresistente (Phulan e Khullar, 2004) e também foi comunicada a atividade antimicrobiana *in vitro* das raízes (Bodakhe e Ahuja, 2004).
O potencial antidiarreico do extrato etanólico da casca do caule de *Butea monosperma* (Lamk.) Taub. foi avaliado em vários modelos experimentais em ratos albinos Wistar. O extrato inibiu a diarreia induzida por óleo de rícino e a acumulação de PGE2 induzida em ratos; também reduziu a mobilidade gastrointestinal após a administração de uma refeição de carvão vegetal. Os resultados obtidos estabelecem a eficácia e fundamentam a utilização deste remédio herbal como um tratamento não específico para a diarreia na medicina popular (Gunakkunru *et al.,* 2005).
O efeito do extrato alcoólico da casca de *Butea monosperma* (Lamk.) Taub. na cicatrização de feridas cutâneas em ratos foi investigado (Sumitra *et al.*, 2005). As sementes de *Butea monosperma* (Lamk.) Taub. administradas como pó bruto (PC) a ovelhas naturalmente infectadas com espécies mistas de nemátodos gastrointestinais exibiram um efeito anti-helmíntico dependente da dose e do tempo. A redução máxima de 78,4% nos ovos por grama de fezes (EPG) foi registada no dia 10 após o tratamento com 3g/kg. O levamisol (7,5 mg/kg), um agente anti-helmíntico padrão, apresentou uma redução de 99,1% no EPG (Iqbal *et al.,* 2006).
Sehrawat *et al.,* 2006 mostraram que o extrato metanólico de *Butea monosperma* (Lamk.) Taub. possui efeitos hepatoprotectores e pode também suprimir a fase de promoção através da inibição do stress oxidativo e da via biossintética das poliaminas. Somani *et al.*, 2006 mostraram que o extrato etanólico de *Butea monosperma* (Lamk.) Taub. foi estudado em ratos diabéticos induzidos por glicose e aloxano. Uma dose única de *Butea monosperma* (Lamk.) Taub. (200 mg/kg) melhorou significativamente a tolerância à glucose e provocou uma redução do nível de glucose no sangue em ratos diabéticos induzidos por aloxano.
A composição em ácidos gordos das sementes do fruto de *Butea monosperma*

(Lamk.) Taub., *Jatropha glandulifera* e *Portulaca oleracea* foi determinada por cromatografia líquida em fase gasosa para encontrar novas fontes naturais de ácidos gordos essenciais úteis para a saúde humana e de interesse económico (Srivastava *et al.*, 2006). A investigação fitoquímica da casca do caule de *Butea monosperma* (Lamk.) Taub. levou ao isolamento e identificação de três novos compostos denominados buteaspermina A, buteaspermina B e buteaspermanol, juntamente com 19 compostos conhecidos (Maurya *et al.*, 2009).

O extrato metanólico de *Butea monosperma* (Lamk.) Taub. mostrou uma atividade anti-inflamatória e analgésica dependente da dose (200 e 400mg/kg, p.o.) que é comparável ao medicamento padrão (Diclofenac sodium para o edema da pata induzido por Carrageenon e contorção induzida por ácido acético e Pentozocina para o modelo de teste da placa quente) (Carey e Krishna, 2007).

Foi isolada uma flavona da casca do caule de *Butea monosperma* (Lamk.) Taub. Foi-lhe dado o nome de trabalho de BF-1 e caracterizado por p.m., 309311°C e uma fórmula empírica de $C_{15}H_{10}O_7$. Com base em provas químicas e espectrais e em comparação com os dados da literatura, o composto isolado foi identificado pela primeira vez como quercetina (Dutta *et al.*, 2007).

As flores de *Butea monosperma* (Lamk.) Taub. foram avaliadas quanto às actividades de eliminação de radicais utilizando diferentes modelos *in vitro* como o ensaio de poder redutor, eliminação do radical 2,2 dipenil-1-picrilhidrazil (DPPH), radical de óxido nítrico, radical anião superóxido, radical hidroxilo e inibição da hemólise eritrocitária utilizando 2,2'azo-bis (amidinopropano) dicloridrato (AAPH). O extrato de metanol juntamente com as suas fracções de acetato de etilo e butanol mostraram propriedades potentes de eliminação de radicais livres. A atividade observada pode ser devida ao maior conteúdo fenólico nos extractos (16,1, 25,29 e 17,74% w/w no extrato de metanol, acetato de etilo e fracções de butanol, respetivamente). Foi desenvolvido um perfil de impressão digital HPTLC das fracções de acetato de etilo e butanol que serviria de padrão de referência para o controlo de qualidade dos extractos (Lavhale e Mishra, 2007).

As folhas de *Butea monosperma* (Lamk.) Taub. apresentam atividade anti-inflamatória ocular em coelhos (Mengi e Deshpande, 1995). A atividade anti-inflamatória do extrato metanólico de *Butea monosperma* (Lamk.) Taub. foi avaliada por edema de pata induzido por carragenina e granuloma de pellets de cotten (Shahavi e Desai, 2008).

O estigmasterol, isolado da casca de *Butea monosperma* (Lamk.) Taub. foi avaliado quanto à sua eficácia reguladora das hormonas da tiroide e da glucose em ratos. A sua administração a 2,6mg/kg/d durante 20 dias reduziu as concentrações séricas de triiodotironina (T_3), tiroxina (T_4) e glicose, bem como a atividade da glicose-6-fosfatase hepática (G-6-Pase) com um aumento concomitante da insulina, indicando as suas propriedades inibidoras da tiroide e hipoglicémicas. Uma diminuição da peroxidação lipídica hepática (LPO) e um aumento das actividades da catalase (CAT), da superóxido dismutase (SOD) e do glutatião (GSH) sugeriram o seu potencial antioxidante. A concentração mais elevada testada (5,2mg/kg) evocou uma atividade pró-oxidativa (Panda *et al.*, 2009). As isoflavonas metiloxiladas, a cajanina e a isoformononetina têm um efeito de formação óssea não estrogénico através da sinalização diferencial da proteína quinase activada por mitogénio (MAPK) (Bhargavan *et al.*, 2009).

O tratamento diário de animais diabéticos induzidos por aloxano com extrato etanólico a 50% de flores de *Butea monosperma* (Lamk.) Taub. (BMEE) durante 45 dias reduziu significativamente o nível de glicose no sangue, impedindo assim o início acentuado da hiperglicemia que se observou após a administração de aloxano e manteve o peso corporal e o nível de glicose no sangue próximos dos valores observados no controlo normal e nos ratos diabéticos tratados com glibenclamida (Sharma e Garg, 2009).

Uma nova dihidrochalcona, dihidromonospermosídeo, foi isolada das flores de *Butea monosperma* (Lamk.) Taub. juntamente com três chalconas conhecidas, buteína, monospermosídeo e isoliquiritigenina, uma flavona, 7,3',4'-trihidroxiflavona, quatro flavanonas, butina, butrina, isomonospermosídeo e liquiritigenina, e três isoflavonas, formononetina, afrormosina e formononetina-7-O-beta-D- glucopiranosídeo (Chokchaisiri *et al.*, 2009).

A fração flavonoide isolada da fração de acetato de etilo da casca do caule *de Butea monosperma* (Lamk.) Taub. apresentou uma atividade antimicrobiana distinta quando testada contra estirpes bacterianas pertencentes a diferentes géneros de tipos grampositivos e gram-negativos (Mishra *et al.*, 2009)

A administração intraperitoneal do extrato aquoso das flores de *Butea monosperma* (Lamk.) Taub. no oncomice X15-myc mostrou uma atividade antitumoral mantendo a arquitetura hepática e a morfometria nuclear, mas também regulando em baixa os níveis séricos de VEGF. A coloração imunohistoquímica de secções do fígado com anticorpo anti-proteína ribossómica S27a mostrou a abolição pós-tratamento deste marcador de proliferação deste tecido tumoral (Mathan *et al.*, 2010).

As flores secas de *Butea monosperma* (Lamk.) Taub. foram extraídas com água. O extrato aquoso foi testado quanto aos seus efeitos anti-proliferativos, pró-apoptóticos e anti-carcinogénicos em linhas celulares de hepatoma. Os efeitos quimiopreventivos e anti-angiogénicos do extrato foram avaliados através da sua administração oral diária num modelo de carcinoma hepatocelular (HCC) de ratinho X15-myc relacionado com o HBV. A administração oral do extrato em ratinhos transgénicos conferiu hepatoprotecção, melhorou a histopatologia do fígado e reduziu o nível sérico de VEGF. A capacidade do extrato aquoso das flores de *Butea monosperma* (Lamk.) Taub. para impor a paragem do crescimento e desencadear a morte pró-apoptótica em cultura de células está fortemente correlacionada com o seu forte efeito quimiopreventivo *in vivo.* (Chocdon *et al.*, 2010).

A ativação de mastócitos no tecido sinovial reumatoide tem sido frequentemente associada à produção de fator de necrose tumoral (TNF)-alfa, interleucina (IL)-6 e (IL)-8 e à patogénese da doença por tipo de célula adjacente. O objetivo deste estudo foi examinar se um extrato normalizado da flor de *Butea monosperma* (Lamk.) Taub. podia inibir reacções inflamatórias em mastócitos humanos (HMC) utilizando células HMC-1 activadas como modelo. Os resultados indicaram que os polifenóis *de Butea monosperma* (Lamk.) Taub. regulam negativamente a produção de TNF- ***a,*** IL-6 e IL-8 através da inibição da ativação de NF-kB, suprimindo a atividade de IKK e inibindo a fosforilação e degradação de IkBa. (Rasheed *et al.*, 2010).

Foram estudadas a atividade e as quantidades de subunidades da V-ATPase e da V-PPase em várias plantas de *Butea monosperma* (Lamk.) Taub. A análise Western blot seguida de quantificação imunológica das subunidades da V-ATPase utilizando anticorpos policlonais específicos mostrou que as subunidades A, B, D, E e c são claramente detectáveis em todas as plantas, com A, B e c a aparecerem como bandas intensas. As outras subunidades da V-ATPase, ou seja, C, a e d, também foram detectadas na maioria das plantas. Várias subunidades apresentaram variações na sua quantidade de proteínas em diferentes plantas (Kumari e Sharma., 2010).

O extrato aquoso de flores de *Butea monosperma* (Lamk.) Taub. foi avaliado em diferentes níveis de dose (200, 400, 800mg/kg) quanto à sua eficácia protetora contra a lesão hepática aguda induzida por CCl4 (1,5ml/kg) para validar a sua utilização em medicamentos tradicionais. A administração de CCl4 alterou vários parâmetros bioquímicos, incluindo transaminases séricas, proteínas, albumina, peroxidação lipídica hepática, glutationa reduzida e níveis de proteínas totais, que foram restaurados para controlo através da terapia de *Butea monosperma* (Lamk.) Taub. A atividade da adenosina trifosfatase e da glucose-6-fosfatase do CCl4 no fígado diminuiu significativamente nos animais tratados (Sharma e Shukla, 2010).

O extrato total e a fração normalizada da casca do caule de *Butea monosperma* (Lamk.) Taub. têm uma ação osteoprotectora que comprova o efeito osteogénico não estrogénico da fração normalizada (Pandey *et al.*, 2010). Foi desenvolvido um método isocrático, de fase inversa, de cromatografia líquida de alta eficiência (HPLC) para a determinação dos compostos marcadores K052 (iso-formononetina), K054 (derivado metoxi) e K080 (formononetina) em NP-1, um produto vegetal anti-osteoporótico de *Butea monosperma* (Lamk.) Taub. (Gupta *et al.*, 2010). O extrato hidroetanólico de sementes de *Butea monosperma* (Lamk.) Taub. e os seus constituintes activos apresentaram atividade anti-hiperglicémica e antioxidante (Sharma e Garg, 2011).

A atividade antimicrobiana *in vitro* do extrato de folhas de *Butea monosperma* (Lamk.) Taub. em hexano: etanol (proporção 1:1) foi analisada contra bactérias multirresistentes, incluindo *Staphylococcus aureus*, *Bacillus cereus*, *Pseudomonas aeruginosa* e *Escherichia coli* isoladas de amostras clínicas. Hexano: O extrato de combinação de etanol mostrou atividade antimicrobiana quando comparado com grupos tratados com DMSO de controlo (Pattari *et al.*, 2011).

Butea monosperma (Lamk.) Taub. é uma planta medicinal valiosa. Tendo em conta o seu potencial terapêutico e a escassez de informações disponíveis sobre trabalhos anteriores relativos a *Butea monosperma* (Lamk.) Taub, foi feita uma tentativa de estudar as propriedades antidiabéticas, antimicrobianas e antioxidantes das partes da planta de *Butea monosperma* (Lamk.) Taub.

O presente estudo inclui os seguintes aspectos:

- As caraterísticas anatómicas foram estudadas através de secções de S.T. de caule jovem e velho, S.L.T., S.L.R. de caule, S.T. de folha e S.T. de pecíolo de *Butea monosperma* (Lamk.) Taub. recolhidas em Murbad e Lonavala.
- Foi estudada a análise fitoquímica quantitativa e qualitativa da folha, casca e flores de *Butea monosperma* (Lamk.) Taub. Foi efectuada uma identificação adicional de flavonóides e saponinas utilizando HPTLC da folha, casca e flor de *Butea monosperma* (Lamk.) Taub. recolhidas em Murbad e Lonavala.
- Foi efectuado um estudo de toxicidade aguda e de eficácia da atividade antidiabética utilizando uma pasta aquosa da folha, casca e flor de *Butea monosperma* (Lamk.) Taub.
- A atividade antioxidante *in vitro* dos extractos metanólico e aquoso das flores de *Butea monosperma* (Lamk.) Taub. foi estudada utilizando a atividade antioxidante total, a atividade de eliminação do peróxido de hidrogénio, o teor de ácido ascórbico, a atividade inibidora da peroxidação lipídica e o ensaio de descoloração do catião radical ABTS.
- O corante foi extraído com diferentes solventes polares e não polares. O Lambda max foi traçado através do estudo dos espectros de absorção em diferentes comprimentos de onda utilizando o espetrofotómetro. Posteriormente, foi analisado por HPTLC e as bandas visíveis obtidas foram raspadas e reconstituídas em metanol para análise LC-MS.
- A atividade antimicrobiana da folha, da casca e das flores de *Butea monosperma* (Lamk.) Taub. foi avaliada utilizando diferentes extractos para algumas bactérias gram positivas e gram negativas.

Capítulo 3

Estudo anatómico

ESTUDO ANATÓMICO

Os medicamentos à base de plantas são a síntese das experiências terapêuticas do sistema de medicina indígena. Os medicamentos à base de plantas são também muito procurados no mundo desenvolvido para os cuidados de saúde primários devido à sua eficácia, segurança e menores efeitos secundários. Oferecem também tratamento terapêutico para doenças relacionadas com a idade, como a perda de memória, a osteoporose, doenças imunitárias, etc., para as quais não existe medicina moderna. A Índia, apesar dos seus conhecimentos tradicionais, do seu património de medicamentos à base de plantas e da sua grande biodiversidade, detém uma parte desanimadora do mercado mundial devido à exportação de extractos brutos e de medicamentos. Os medicamentos tradicionais são utilizados nos cuidados de saúde primários por cerca de 80% da população mundial. Em 1991, a OMS elaborou diretrizes para a avaliação dos medicamentos à base de plantas (Kamboj, 2000).

É imperativo que qualquer droga bruta para uso farmacológico seja submetida a um exame minucioso da sua identidade botânica. O papel da análise anatómica é procurado nesta conjuntura para fornecer um conjunto de caraterísticas de diagnóstico da planta que ajudarão, em grande medida, a determinar a identificação botânica do medicamento em questão. A perspetiva anatómica das plantas medicinais é uma componente integral da farmacognosia, especialmente quando se propõem protocolos de diagnóstico para estabelecer a identidade botânica e verificar o controlo de qualidade das matérias-primas (Bridha e Sarwasthy, 2002).

A identificação microscópica é o método mais comummente utilizado para autenticar os medicamentos à base de plantas. Através de várias técnicas microscópicas, a estrutura celular e as caraterísticas internas das ervas são examinadas a fim de determinar a sua origem botânica e avaliar a sua qualidade. Este método é útil para identificar espécies a partir de fragmentos ou pó e para distinguir espécies com caracteres morfológicos semelhantes. Verificou-se que as estruturas e as células das ervas possuem caraterísticas estáveis e específicas que podem ser utilizadas para determinar a identidade botânica da medicina herbácea (Zhao, 2010).

No presente trabalho, foram efectuados estudos morfológicos e microscópicos de diferentes partes da planta (caule jovem, caule velho, folha e pecíolo) de *Butea monosperma* (Lamk.) Taub. recolhidas em Murbad e Lonavala, o que será útil para a identificação e autenticação adequadas da droga em bruto.

Materiais e métodos

As partes da planta *Butea monosperma* (Lamk.) Taub. (caule jovem, caule velho, folha e pecíolo) foram colhidas em Murbad e Lonavala. A planta foi identificada e autenticada no Blatter Herbarium St. Xavier's College, Mumbai.

As caraterísticas anatómicas foram estudadas através de secções transversais de caule jovem e velho (T.L.S, R.L.S do caule), folha e pecíolo de *Butea monosperma* (Lamk.) Taub. recolhidos em Murbad e Lonavala. As secções foram coradas com safranina, montadas em glicerina e observadas ao microscópio a 10X (poder de ampliação baixo) e 45X (poder de ampliação alto). Foram estudados diferentes elementos da madeira através da técnica de maceração e da análise de pós.

Resultados e discussão Estudo morfológico

Butea monosperma (Lamk.) Taub. é uma árvore erecta de tamanho médio (12-15m) com tronco torto e ramos irregulares. A casca é áspera e de cor cinza. As folhas são trifolioladas (10-20cm de comprimento e largura), com pecíolo longo e estipulado. Os folíolos são coriáceos. Todos os folíolos são obtusos, glabros quando velhos, finamente sedosos e com venação reticulada. As flores são grandes e produzidas em racemos rígidos (15 cm de comprimento). Três flores juntas formam os nós túmidos da ráquis aveludada verde-azeitona escura e os pedicelos são cerca de duas vezes mais longos do que o cálice e densamente aveludados a castanho. As brácteas e bractéolas são pequenas e caducas. O cálice é longo, verde-azeitona escuro, densamente aveludado no exterior, revestido de pêlos sedosos com dentes, sendo os dois superiores conados e os três inferiores iguais e deltóides. Corola (3,5-5 cm de comprimento) revestida exteriormente de pêlos sedosos e prateados, de cor alaranjada ou salmão, com estandarte largo e quilha semicircular, bicuda e com nervuras. As vagens são pedunculadas, espessadas nas suturas e com nervuras reticuladas.

Estudo Microscópico

S.T. de caule jovem de *Butea monosperma* (Lamk.) Taub. O caule jovem de *Butea monosperma* (Lamk.) Taub. é ligeiramente ondulado no contorno. O córtex é constituído por dois tipos de tecidos, o esclerênquima que forma o córtex exterior e o parênquima no córtex interior. Poucas células mais internas do córtex interno apresentam tecido clorenquimatoso logo acima das tampas dos feixes. Os feixes vasculares estão dispostos em anel com contorno ondulado. Cada feixe vascular é conjunto, colateral e aberto com xilema endárquico.

Hábito de *Butea monosperma* (Lamk.)Taub.

Árvore florida de *Butea monosperma* (Lamk.) Taub.

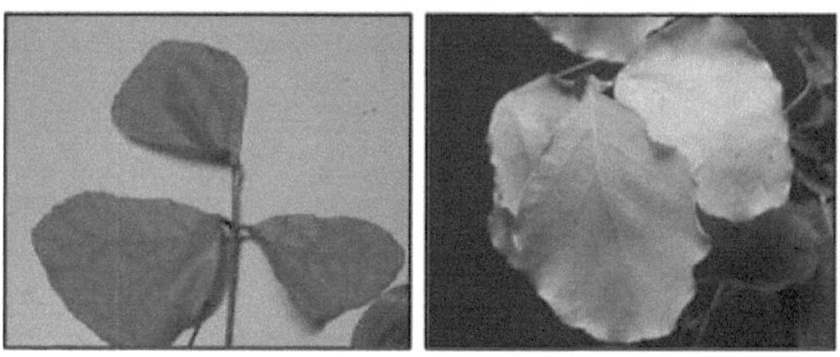

Folhas de *Butea monosperma* (Lamk.) Taub.

Inflorescência de *Butea monosperma* (Lamk.) Taub.

A região do floema é larga com deposição de massa gomosa. A estela sifonostélica, como grande medula parenquimatosa, está no centro, que também apresenta deposição de massa gomosa.

S.T. de caule antigo de *Butea monosperma* (Lamk.) Taub.

O caule antigo de *Butea monosperma* (Lamk.) Taub. tem contornos ondulados. O caule velho apresenta crescimento secundário extrastelar e intrastelar. O crescimento secundário extrastelar dá origem a uma periderme composta por felme, felogénio e feloderme, formando assim uma casca. O crescimento secundário intrastelar mostra o desenvolvimento de madeira (xilema secundário) que é de tipo poroso difuso. Na madeira, os vasos estão dispersos e, nalguns locais, estão dispostos em múltiplos radiais longos. O número de vasos varia de 1-4 em cada grupo radial. O parênquima da madeira é do tipo paratraqueal, onde o parênquima está em associação direta com os vasos. O floema secundário mostra a presença de massa gomosa amarela espalhada aqui e ali. Os raios medulares são formados para a condução radial. As cápsulas dos feixes vasculares primários são empurradas para a periferia. A medula parenquimatosa está no centro com deposição de massa gomosa amarela.

Assim, verificou-se que o caule de *Butea monosperma* (Lamk.) Taub. recolhido em Murbad e Lonavala apresenta caraterísticas anatómicas quase semelhantes, mas o caule recolhido em Murbad apresenta uma periderme mais larga do que em Lonavala.

T.L.S de caule

A L.T.S. do caule de *Butea monosperma* (Lamk.) Taub. mostra raios longos unisseriados e multisseriados constituídos por células parenquimatosas.

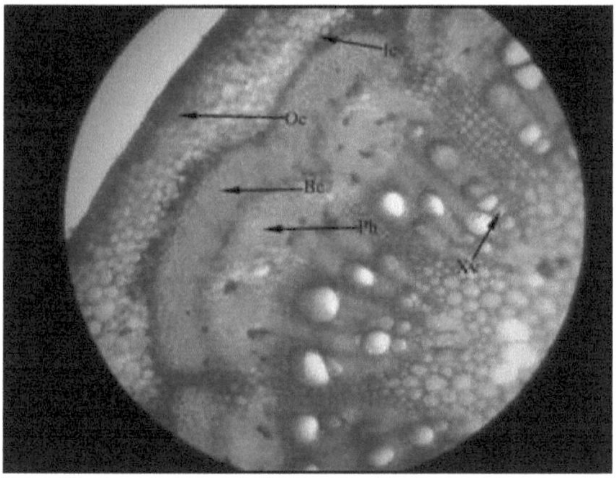

S.T. de caule jovem de *Butea monosperma* (Lamk.) Taub. colhido em Murbad

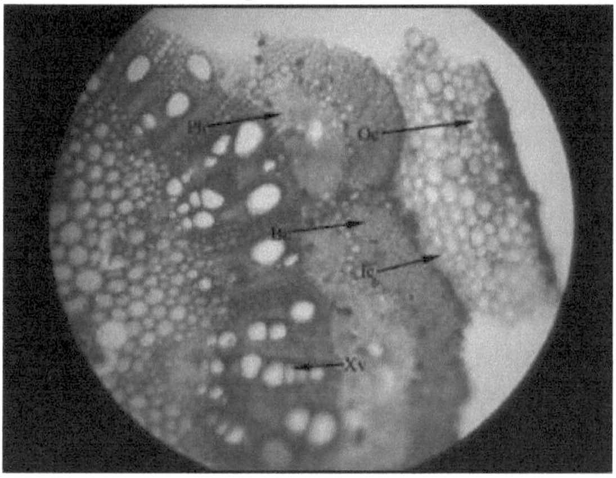

S.T. de caule jovem de *Butea monosperma* (Lamk.) Taub. colhido em Lonavala

Palavras-chave: Oc - Outer cortex; Ic - Inner cortex; Xv - Xylem vessels; Bc - Bundle cap; Ph - Phloem

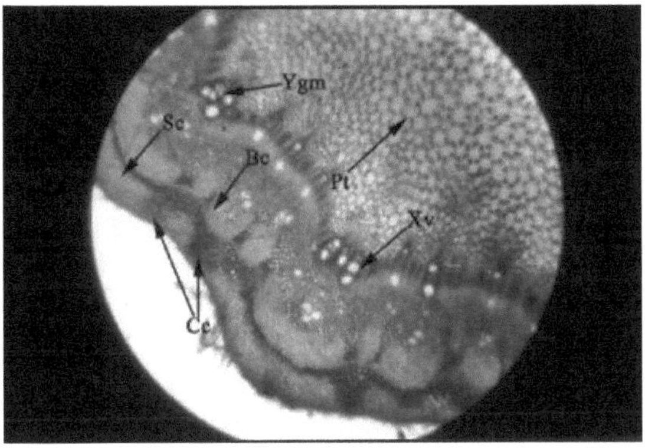

S.T. de caule de *Butea monosperma* (Lamk.) Taub. mostrando o início do crescimento secundário, colhido em Murbad

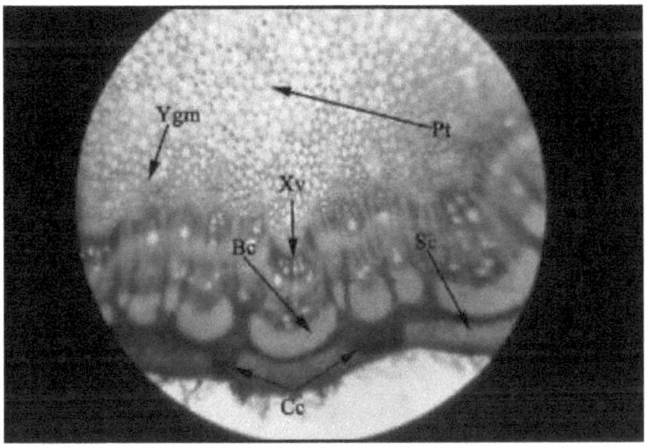

S.T. do caule de *Butea monosperma* (Lamk.) Taub. mostrando o início do crescimento secundário colhido em Lonavala

Palavras-chave: Ygm - Yellow gummy mass; Xv - Xylem vessels; Bc - Bundle cap; Cc - Chlorenchymatous cortex; Sc - Sclerenchymatous cortex; Pt - Pith

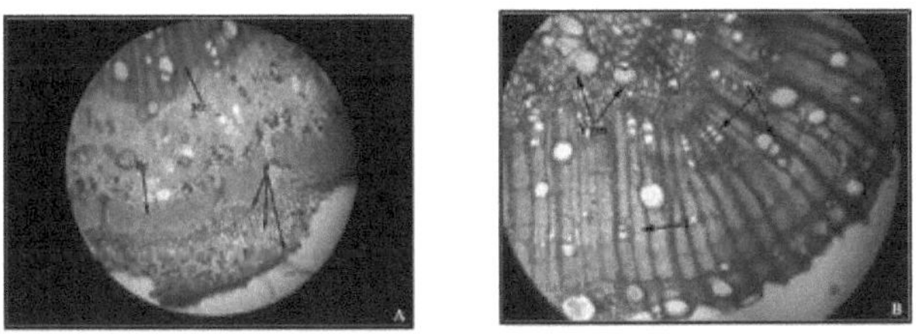

S.T. de caule velho de *Butea monosperma* (Lamk.) Taub. colhido em Murbad

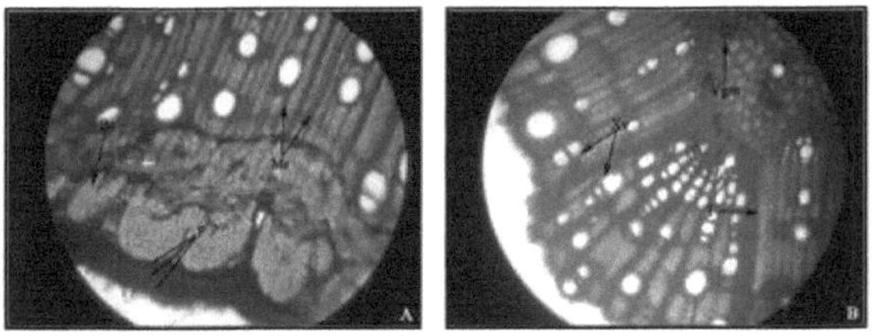

S.T. de caule velho de *Butea monosperma* (Lamk.) Taub. colhido em Lonavala

A - Vista de conjunto, **B**- Vista do crescimento secundário

Palavras-chave: Ygm - Yellow gummy mass; Xv - Xylem vessels; Bc - Bundle cap; Mr - Medullary rays; T - Tracheid; P - Periderm

R.L.S de caule

R.L.S do caule de *Butea monosperma* (Lamk.) Taub. mostra xilema com traqueídeos e vasos. A parede radial dos traqueídeos apresenta espessamento anular. Os vasos apresentam um espessamento reticulado e pontilhado. Outros elementos como o parênquima do xilema e as fibras também se encontram em vestígios.

O pó do caule velho após maceração mostra vasos com buracos nas suas paredes laterais, traqueídos com espessamento anular, vasos com espessamento reticulado, massa gomosa amarela e cristais de Ca-oxalato.

T.S da folha

A folha de *Butea monosperma* (Lamk.) Taub. apresenta epiderme superior e inferior com pêlos pontiagudos unicelulares na sua superfície. A lâmina foliar apresenta uma estrutura dorsiventral com paliçada e tecido esponjoso. Na região da nervura central, foi observado um córtex heterogéneo com tecido esclerenquimatoso e clorenquimatoso. Na região mediana da nervura, os feixes vasculares estão dispostos em anel, com as tampas dos feixes no seu lado exterior. Os feixes vasculares são conjuntos e colaterais. O centro da nervura central apresenta parênquima com depósitos de massa gomosa amarela.

As folhas de *Butea monosperma* (Lamk.) Taub. recolhidas em Murbad e Lonavala apresentaram caraterísticas anatómicas quase semelhantes. O pó da folha mostra a presença de pêlos pontiagudos unicelulares, vasos com paredes espessadas e massa gomosa amarela.

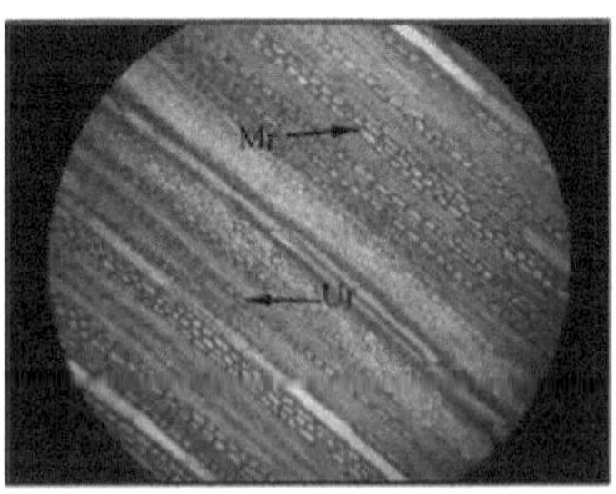

S.L.T. do caule de *Butea monosperma* (Lamk.) Taub.

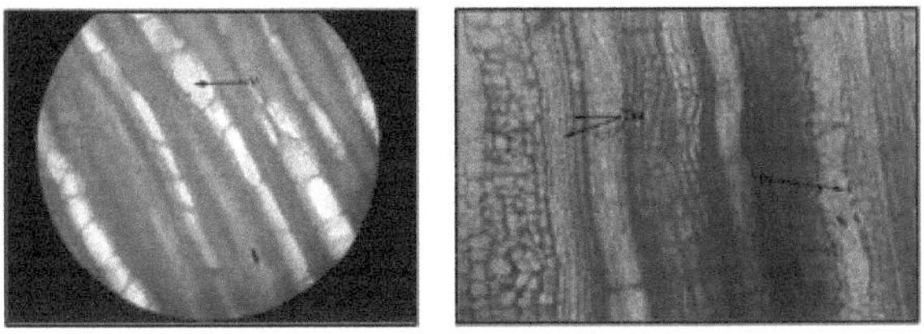

S.L.R. de caule de *Butea monosperma* (Lamk.) Taub.

Palavras-chave: Ur - Raios unisseriados; Mr - Raios multisseriados; Tsa - Traqueídos com espessamento anular; Pt - Vaso com fossas na parede lateral; V - Vasos

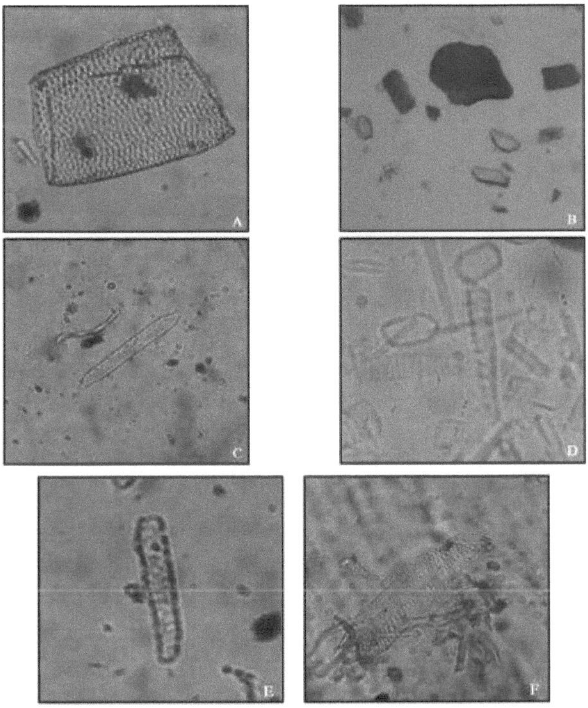

Caraterísticas do pó do caule velho de *Butea monosperma* (Lamk.) Taub.

Palavras-chave: **A** - Vaso; **B** - Cristais de ca-oxalato e massa gomosa amarela; **C** - Traqueia; **D** - Traqueia com espessamento anular; **E** - Vasos perfurados; **F** - Espessamento reticulado

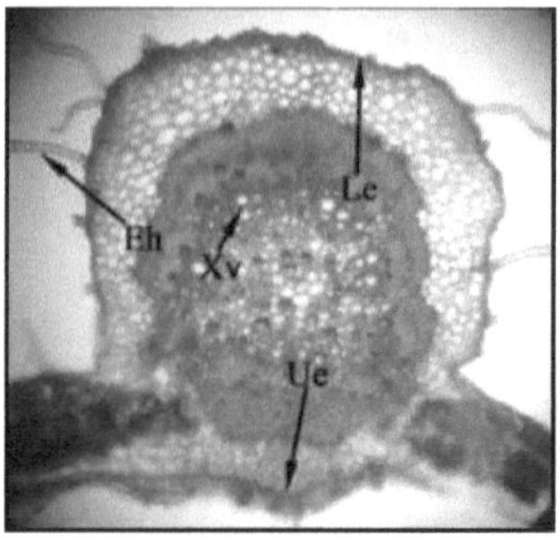

S.T. de folhas de *Butea monosperma* (Lamk.) Taub. colhidas em Murbad

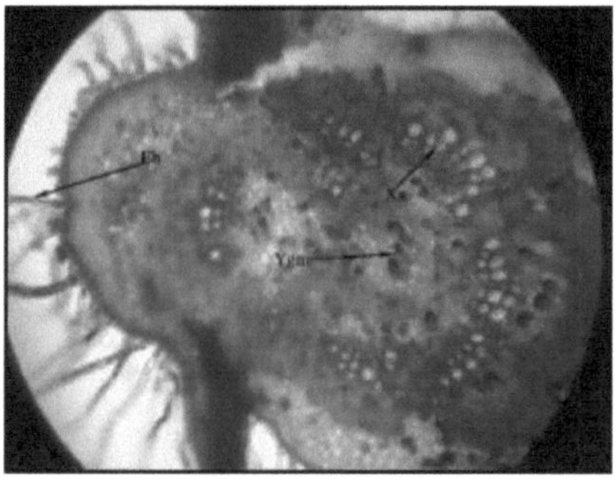

S.T. de folhas de *Butea monosperma* (Lamk.) Taub. colhidas em Lonavala

Palavras-chave: Ygm - Yellow gummy mass; Xv - Xylem vessels; Eh - Epidermal hair; Le - Lower epidermis; Ue - Upper epidermis

S.T. do pecíolo

A S.T. do pecíolo de *Butea monosperma* (Lamk.) Taub. apresentou contorno circular. Internamente, diferencia-se em epiderme, córtex e estelo. Os pêlos são unicelulares e pontiagudos, saindo da superfície da epiderme. O córtex externo tem 1-3 camadas e é esclerenquimatoso. Enquanto o córtex interno é largo e parenquimatoso. A estela tem um contorno em forma de ferradura ou de cunha. Os feixes vasculares têm uma capa esclerenquimatosa no lado exterior e são conjuntos e colaterais. Os vasos do xilema estão dispostos em grupos radiais e são do tipo endarca. A estela é sifonostélica. O pecíolo de *Butea monosperma* (Lamk.) Taub. recolhido em Murbad e Lonavala apresenta caraterísticas anatómicas quase semelhantes.

Os sistemas indianos, como o Ayurveda e o Siddha, utilizam maioritariamente medicamentos brutos de origem vegetal. É necessário verificar a identidade da planta e averiguar a sua qualidade antes da utilização. Por conseguinte, uma avaliação farmacognóstica pormenorizada é um pré-requisito altamente essencial (Dhale, 2011). De acordo com a Organização Mundial de Saúde (OMS), a descrição macroscópica e microscópica de uma planta medicinal é o primeiro passo para estabelecer a sua identidade e pureza e deve ser efectuada antes de se proceder a quaisquer testes (Anonymous, 2002).

Assim, o presente estudo de *Butea monosperma* (Lamk.) Taub. mostrou caraterísticas morfológicas e microscópicas quase semelhantes na secção transversal do caule, folha e pecíolo das plantas colhidas em dois locais diferentes.

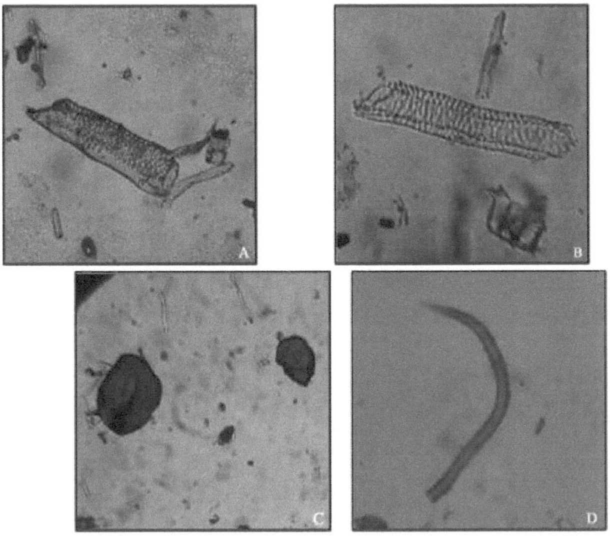

Caraterísticas do pó da folha de *Butea monosperma* (Lamk.) Taub.

Palavras-chave: **A** - Vaso; **B** - Vaso escalariforme; **C** - Massa gomosa amarela; **D** - Cabelo unicelular

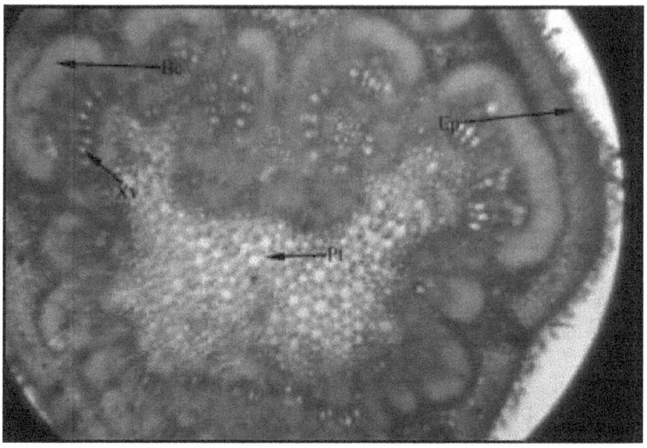

S.T. do pecíolo de *Butea monosperma* (Lamk.) Taub. de Murbad Location

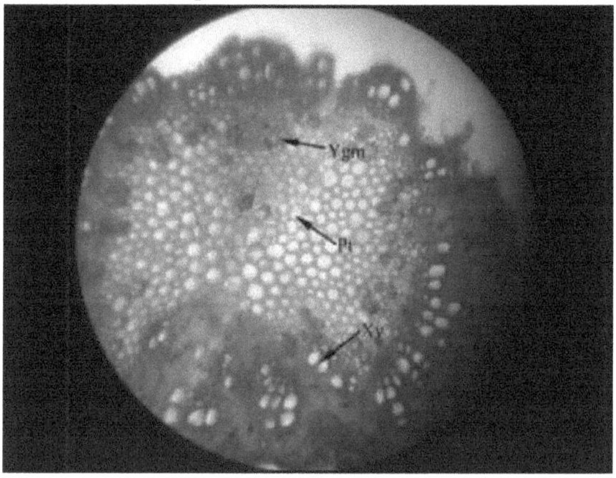

S.T. do pecíolo de *Butea monosperma* (Lamk.) Taub. de Lonavala

Palavras-chave: Bc - Bundle Cap; Pt - Pith; Ep - Epidermis; Xv - Xylem vessels

O caule de *Butea monosperma* (Lamk.) Taub. apresenta crescimento secundário intrastelar e extrastelar com formação proeminente de madeira porosa difusa e periderme, respetivamente. A deposição de massa gomosa amarela na medula, floema e periderme é muito pronunciada. Estela em forma de ferradura ou em forma de cunha, que é uma caraterística única encontrada no pecíolo de *Butea monosperma* (Lamk.) Taub. Estes caracteres podem ser considerados como caraterísticas anatómicas para a identificação da planta.

No presente trabalho, foi feita uma tentativa de dar uma ideia das caraterísticas anatómicas de várias partes (caule, folha e pecíolo) da planta *Butea monosperma* (Lamk.) Taub. Isto ajudará a identificar a espécie e pode ser utilizado para determinar a identidade botânica da medicina herbácea.

Capítulo 4

Estudo fitoquímico e corante

ESTUDO FITOQUÍMICO E CORANTE

• Estudo fitoquímico

O reino vegetal é um tesouro de potenciais medicamentos e, nos últimos anos, tem-se registado uma sensibilização crescente para a importância das plantas medicinais. Os medicamentos provenientes das plantas estão facilmente disponíveis, são menos dispendiosos, seguros, eficazes e raramente têm efeitos secundários. As plantas que foram selecionadas para uso medicinal ao longo de milhares de anos constituem a escolha mais óbvia para examinar a atual procura de novos medicamentos terapeuticamente eficazes, tais como medicamentos anticancerígenos, antimicrobianos e compostos anti-hepatotóxicos. As plantas medicinais contêm alguns compostos orgânicos que proporcionam uma ação fisiológica definida no corpo humano e estas substâncias bioactivas incluem taninos, alcalóides, hidratos de carbono, terpenóides, esteróides e flavonóides. Estes compostos são sintetizados pelo metabolismo primário ou secundário dos organismos vivos.

Os metabolitos secundários são compostos química e taxonomicamente extremamente diversos com funções obscuras. São amplamente utilizados na terapia humana, veterinária, agricultura, investigação científica e em inúmeras outras áreas. Um grande número de fitoquímicos pertencentes a várias classes químicas demonstrou ter efeitos inibitórios *em* todos os tipos de microrganismos *in vitro*. Os produtos vegetais fazem parte dos fitomedicamentos desde há muito tempo. O conhecimento dos constituintes químicos das plantas é desejável porque essa informação será valiosa para a síntese de substâncias químicas complexas (Yadav e Agarwala, 2011).

Papel dos metabolitos secundários das plantas

As plantas têm a capacidade de fabricar os metabolitos secundários. As plantas produzem muitos tipos diferentes de metabolitos orgânicos, como resultado de processos metabólicos. Estes metabolitos são agrupados em metabolitos primários e secundários. Os metabolitos primários, como a clorofila, os aminoácidos, os nucleótidos, os hidratos de carbono simples ou os lípidos de membrana, desempenham papéis reconhecidos na fotossíntese, na respiração, no transporte de solutos, na translocação, na assimilação de nutrientes e na diferenciação. Os metabolitos secundários diferem dos metabolitos primários pelo facto de terem uma distribuição restrita no reino vegetal. Ou seja, determinados metabolitos secundários encontram-se frequentemente apenas numa espécie de planta ou num grupo de espécies taxonomicamente relacionadas, enquanto os metabolitos primários básicos se encontram em todo o reino vegetal (Taiz e Zeiger, 2006). Durante as últimas décadas, provas experimentais e circunstanciais tornaram claro que muitos metabolitos secundários têm, de facto, funções vitais para a aptidão de uma planta que os produz.

Funções dos fitoquímicos/metabolitos secundários

A maioria dos fitoquímicos é conhecida por possuir muitas propriedades que os tornam vitais tanto para as plantas como para os animais. Algumas dessas propriedades são:

- **Antioxidantes:** A maioria dos fitoquímicos tem atividade antioxidante e protege as células contra os danos oxidativos, reduzindo o risco de desenvolvimento de certos tipos de cancro. Alguns fitoquímicos com atividade antioxidante incluem: carotenóides (encontrados nos frutos), flavonóides (encontrados nos frutos e vegetais), polifenóis (chá, uvas) (Leverin e Mc Matron, 1999).
- **Propriedades antimicrobianas:** O fitoquímico alicina do alho tem propriedades antibacterianas, enquanto a benzofenona e a flavanona presentes na folha amarga também possuem propriedades antimicrobianas (Leverin e Mc Matron, 1999).
- **Actividades fisiológicas:** Alguns fitoquímicos ligam-se fisiologicamente às paredes celulares, interferindo com a capacidade dos agentes patogénicos de se ligarem aos receptores celulares. As proantocianidinas são responsáveis pelas propriedades anti-adesão da airela. O consumo de arandos reduzirá o risco de infecções do trato urinário e melhorará a saúde dentária (Leverin e Mc Matron, 1999).
- **Atividade antidiabética:** As plantas herbáceas são ricas em compostos fenólicos, flavonóides, terpenóides e outros constituintes que mostram uma redução do nível de glucose no sangue. Algumas das plantas herbáceas com potencial antidiabético importante são *Ricinus communis, Swertia punicea* e *Vernonia anthelmintica* (Rao *et al.*, 2010).

Os metabolitos secundários das plantas estão agrupados em classes quimicamente distintas como os flavonóides, alcalóides, fenóis, saponinas, etc.

Os flavonóides são um grupo de compostos polifenólicos presentes na dieta humana e encontram-se omnipresentes nas plantas. Existem diferentes tipos de flavonóides e parecem ter efeitos protectores, incluindo propriedades anti-inflamatórias, anti-oxidantes, antivirais e anti-carcinogénicas. Os flavonóides encontram-se geralmente numa variedade de alimentos, tais como laranjas, tangerinas, bagas, maçãs e cebolas (Middleton *et al.*, 2000).

Os alcalóides são um grupo heterogéneo de compostos naturais que se encontram nas folhas, na casca, nas raízes ou nas sementes das plantas. Alguns alcalóides estimulam o sistema nervoso e podem elevar ou baixar a tensão arterial. Certos alcalóides actuam como analgésicos/ tranquilizantes. Também se verificou que contêm propriedades antimicrobianas.

Os fenóis são compostos orgânicos aromáticos cristalinos. Encontram-se amplamente distribuídos na planta e são os metabolitos secundários mais abundantes das plantas, sendo atualmente conhecidas mais de 8000 estruturas fenólicas, desde moléculas simples, como os ácidos fenólicos, até substâncias altamente polimerizadas, como os taninos. Os fenólicos vegetais estão geralmente envolvidos na defesa contra a radiação ultravioleta ou a agressão por patogénicos, parasitas e predadores, além de contribuírem para a cor das plantas (Dai e Mumper, 2010). As soluções diluídas de fenol são anti-sépticos úteis, mas as soluções fortes de fenóis são cáusticas e provocam cicatrizes nos tecidos. Os fenóis são amplamente utilizados no fabrico de resinas, plásticos, insecticidas, explosivos, corantes e detergentes e como matérias-primas para a produção de medicamentos como a aspirina (Michael, 2008).

As saponinas são uma classe de compostos químicos, um dos muitos metabolitos secundários encontrados em fontes naturais, com saponinas encontradas em particular abundância em várias espécies de plantas. Especificamente, são glicosídeos anfipáticos agrupados fenomenologicamente pela espuma semelhante a sabão que produzem quando agitados em soluções aquosas, e estruturalmente pela sua composição de uma ou mais porções glicosídicas hidrofílicas combinadas com um derivado de triterpenos lipofílicos (Zohar, 2005).

No presente trabalho, foi efectuado um rastreio fitoquímico preliminar e uma análise de impressão digital HPTLC de diferentes partes de plantas de *Butea monosperma* (Lamk.) Taub. recolhidas nas localidades de Murbad e Lonavala para a identificação de medicamentos em bruto e para a normalização da qualidade.

Materiais e métodos

As partes das plantas recolhidas (folhas, cascas e flores) de ambos os locais foram secas à sombra e trituradas com um moinho mecânico, armazenadas em recipientes herméticos e utilizadas para o estudo.

Produtos químicos

O ácido nítrico, o reagente de Benedict, o reagente de Molisch, o ácido sulfúrico, o reagente de Mayer, o reagente de Wagner, o acetato de etilo, o amoníaco, o ácido acético, o reagente de Folin-Ciocalteau, o éter dietílico e o clorofórmio foram adquiridos à S.D. Fine chemicals. O reagente de ninidrina, o cloreto férrico, o hidróxido de amónio e o catecol foram adquiridos a produtos químicos LOBA. Todos os produtos químicos utilizados no estudo eram de qualidade analítica.

Métodos

Análise fitoquímica preliminar

A análise fitoquímica preliminar das partes da planta (folha, casca e flores) de *Butea monosperma* (Lamk.) Taub. foi efectuada utilizando métodos normalizados (Sofowra, 1993; Trease e Evans, 1989 e Harborne, 1973)

- **Determinação de Triterpenos**

Adicionaram-se 2 ml de clorofórmio, 1 ml de anidrido acético e 2 gotas de ácido sulfúrico concentrado a 1 ml de extrato etanólico de cada parte da planta (folha, casca e flores) de *Butea monosperma* (Lamk.) Taub. O aparecimento de uma cor amarela dourada indica a presença de triterpenos.

- **Determinação de flavonóides**

Foram adicionados 10 ml de acetato de etilo a 0,2 g de pó de cada parte da planta (folha, casca e flores) de *Butea monosperma* (Lamk.) Taub. e aquecidos num banho de água durante 5 minutos. A mistura foi arrefecida, filtrada e o filtrado foi utilizado para o teste. Agitou-se 4 ml de filtrado com 1 ml de solução de amoníaco diluída. Deixou-se separar a camada e a cor amarela na camada amoniacal indica a presença de flavonóides.

- **Determinação de alcalóides**

Colocaram-se 2 g de pó de cada parte da planta (folha, casca e flores) de *Butea monosperma* (Lamk.) Taub. num frasco cónico e adicionaram-se 20 ml de ácido sulfúrico etanólico a 10%. A mistura foi aquecida num banho de água até à ebulição durante cinco minutos e filtrada. Ao filtrado, adicionaram-se 2 gotas do reagente de Mayer e Wagner. O desenvolvimento da cor laranja indica a presença de alcalóides nas amostras.

- **Determinação de saponinas**

0,25 g de pó de cada parte da planta (folha, casca e flores) de *Butea monosperma* (Lamk.) Taub. fervida com 20 ml de água e filtrada. O filtrado foi utilizado para análise posterior.

a) Ensaio de espuma: 5 ml do filtrado foram diluídos com 20 ml de água e agitados vigorosamente. A espuma estável indica a presença de saponina na amostra de pó vegetal (folha, casca e flores) de *Butea monosperma* (Lamk.) Taub.

b) Teste de emulsão: 3 gotas de azeite foram adicionadas à solução de espuma e agitadas vigorosamente. A formação de uma emulsão indica a presença de saponina.

- **Determinação de proteínas**

Os extractos etanólicos das partes da planta (folha, casca e flores) de *Butea monosperma* (Lamk.) Taub. foram tratados com algumas gotas de ácido nítrico conc. A formação de cor amarela indica a presença de proteínas.

- **Determinação de taninos**

1 g de amostra em pó da planta (folha, casca e flores) de *Butea monosperma* (Lamk.) Taub. foi fervida com 50 ml de água e filtrada. O filtrado foi utilizado para o teste de cloreto férrico. Foram adicionadas algumas gotas de cloreto férrico a 3 ml de filtrado. O precipitado preto esverdeado mostrou a presença de tanino na amostra em pó da planta.

- **Determinação de fenóis**

1 g de pó das partes da planta (folha, casca e flores) de *Butea monosperma* (Lamk.) Taub. foi fervido com 50 ml de água e filtrado. Estes extractos foram tratados com 3-4 gotas de solução de cloreto férrico. A formação de uma cor preta azulada indica a presença de fenóis.

Determinação quantitativa

Os metabolitos secundários, como os flavonóides, os alcalóides, as saponinas e os fenóis, são os principais responsáveis pelas propriedades medicinais das plantas, pelo que a análise quantitativa foi efectuada apenas para estes metabolitos.

• **Determinação de flavonóides** (Boham e Kocipai, 1994)

10g de pó de cada parte da planta (folha, casca e flores) de *Butea monosperma* (Lamk.) Taub. foram extraídos com 100ml de 80% de metanol aquoso repetidamente à temperatura ambiente e a solução foi filtrada com papel de filtro Whatmann n.º 42. 42 e o filtrado foi transferido para um cadinho previamente pesado e evaporado até à secura num banho de água a ferver. Após arrefecimento, anotou-se o peso do cadinho que continha o resíduo e mediu-se o teor de flavonóides, que foi expresso em mg/g de peso seco.

• **Determinação de alcalóides** (método de Harbone, 1973)

Pesaram-se 5 g de pó de cada parte da planta (casca e flores) de *Butea monosperma* (Lamk.) Taub. num copo separado de 50 ml e adicionaram-se 200 ml de ácido acético a 10% em etanol, tapando-o e deixando-o em repouso durante 4 horas. Em seguida, esta mistura foi filtrada e o extrato foi concentrado utilizando um banho de água a ferver até um quarto do volume original. Adicionou-se hidróxido de amónio concentrado, gota a gota, ao extrato concentrado até se completar a precipitação e deixou-se a solução assentar. O precipitado foi recolhido, lavado com hidróxido de amónio diluído e filtrado. O resíduo foi seco na estufa (até peso constante) e pesado. Os teores de alcalóides foram expressos em mg/g de peso seco.

• **Determinação de saponinas** (Khan *et al.*, 2011)

Foram adicionados 100 ml de etanol aquoso a 20% a 20 g de pó de cada parte da planta (folha, casca e flores) de *Butea monosperma* (Lamk.) Taub. A suspensão foi aquecida num banho de água quente (55° C) durante 4 horas com agitação contínua. A mistura foi filtrada e o resíduo foi novamente extraído com mais 200 ml de etanol a 20%. Os extractos combinados foram reduzidos a 40 ml num banho de água quente a cerca de 95°C. 20 ml de éter dietílico foram adicionado ao extrato concentrado e agitado vigorosamente. A camada aquosa foi recuperada e a camada de éter foi rejeitada. Adicionaram-se 60 ml de n-butanol à camada aquosa. Esta mistura foi lavada duas vezes com 10 ml de solução aquosa de cloreto de sódio a 5%. A mistura foi mantida num banho de água a ferver até à evaporação completa. Após a evaporação, o resíduo foi seco na estufa e pesado. Os teores de saponina são expressos em mg/g de peso seco.

• **Determinação de fenóis** (Sadasivam e Manickam, 2004) A estimativa de fenóis foi efectuada com o reagente Folin-Ciocalteau. 1 g de pó de cada parte da planta (folha, casca e flores) de *Butea monosperma* (Lamk.) Taub. foi misturado com 10 ml de etanol a 80%. A mistura foi centrifugada a 1000rpm durante 20 minutos. O sobrenadante foi separado e procedeu-se a uma re-extração do resíduo com 5 vezes o volume de etanol a 80%. A solução re-extraída foi centrifugada e o sobrenadante foi evaporar. Em seguida, o resíduo foi dissolvido em 5 ml de água destilada. Foram pipetadas diferentes concentrações (1mg - 5mg). O volume da solução foi aumentado para 3 ml com água e adicionou-se 0,5 ml do reagente Folin-Ciocalteau a 2 ml de cloreto de sódio a 20% e misturou-se bem. Em seguida, manter em banho-maria durante 1 minuto e medir a DO a 650nm. O catecol foi utilizado como padrão.

As normas de qualidade bem desenvolvidas das drogas vegetais só podem ser alcançadas através da avaliação sistemática do material vegetal utilizando técnicas analíticas modernas, incluindo a cromatografia. A TLC e a HPTLC são métodos habitualmente aplicados para a identificação, o ensaio e o teste

de pureza, estabilidade, dissolução ou uniformidade de conteúdo de matérias-primas (extractos de plantas e animais, misturas de fermentação, medicamentos e excipientes) e produtos formulados (produtos farmacêuticos, cosméticos, nutrientes) (Szepesi, 1993). A eficácia do medicamento depende dos vários princípios activos e componentes presentes no mesmo. Muitos factores naturais (idade, origem) e científicos (metodologia de formulação de medicamentos) influenciam a proporção de vários componentes no material vegetal.

A HPTLC é um instrumento valioso para a investigação de produtos à base de plantas no que respeita a diferentes aspectos da sua qualidade. A análise por HPTLC é comparativamente curta e muitas amostras podem ser convenientemente comparadas lado a lado na mesma placa. A HPTLC tem sido amplamente utilizada para a avaliação fitoquímica dos medicamentos à base de plantas, devido à sua simplicidade e à necessidade mínima de limpeza da amostra. Os resultados da HPTLC não são apenas registados como dados de pico, mas também podem ser apresentados e comunicados como imagens (Yamunadevi *et al.*, 2012).

Foram utilizadas diversas fases móveis para a análise TLC de flavonóides, saponinas, alcalóides e fenóis. Inicialmente, foram utilizadas várias fases móveis para obter a melhor separação.

As várias fases móveis utilizadas foram as seguintes:

1. **Flavonóides**

a) Acetato de etilo-ácido fórmico-ácido acético glacial (10:1:1:2.6)
b) Clorofórmio-acetona-ácido fórmico (7,5:1,65:0,85)
c) Clorofórmio-acetato de etilo (6:4)
d) Tolueno-acetato de etilo-metanol (3:6:3)
e) Éter de petróleo-éter dietílico (4.2:4)

2. **Saponinas**

a) Clorofórmio-ácido acético glacial-metanol-água (6,4:3,2: 1,2:0,8)
b) Clorofórmio-metanol-água (7:3:0.4)
c) Acetato de etilo-etanol-água-amoníaco (6,5:2,5:0,9:0,1)

3. **Alcalóides**

a) Tolueno-acetato de etilo-dietilamina (7:2:1)
b) Clorofórmio-dietilamina (9:1)
c) Acetato de etilo-metanol-água (7:2:1)

4. **Fenóis**

a) Tolueno-acetato de etilo-ácido fórmico (6:4:0.3)
b) Tolueno-acetato de etilo-ácido acético glacial (7:3:1)

c) Tolueno-acetato de etilo-metanol (15:3:1.5)

Foi observada uma melhor separação dos flavonóides utilizando (acetato de etilo - ácido fórmico - ácido acético glacial - água) e das saponinas (clorofórmio - ácido acético - metanol - água) (Wagner e Bladt., 1986). Foram efectuadas outras análises HPTLC de flavonóides e saponinas para as partes da planta (folha, casca e flores) de *Butea monosperma* (Lamk.) Taub. recolhidas em ambos os locais, Murbad e Lonavala, utilizando as mesmas fases móveis.

Análise HPTLC

O extrato foi preparado utilizando 1g de pó seco de partes da planta (folha, casca e flor) de *Butea monosperma* (Lamk.) Taub. em 10ml de metanol, foi sonicado durante 15 minutos e mantido durante a noite sem perturbações. Os extractos foram filtrados com papel Whatmann 42. Em seguida, as amostras foram carregadas utilizando o aplicador Camag Linomat HPTLC V em

As placas de TLC, simultaneamente com a câmara de cromatografia, foram saturadas com a fase móvel durante 20 minutos. As placas de TLC foram colocadas na câmara até 8 cm. Em seguida, as placas foram retiradas e secas para observação. As placas foram derivatizadas na câmara e aquecidas a 110°C durante 5 minutos utilizando o aquecedor de placas HPTLC, as bandas foram observadas a 366nm.

A análise fitoquímica foi realizada através da técnica de HPTLC. Para otimizar os resultados para separações máximas de banda, inicialmente extratos de plantas (folha, casca e flores) de diferentes concentrações (5Щ, 10ц1 e 15Щ) foram carregados pelo aplicador Camag HPTLC V. A melhor concentração de extrato de planta com separação máxima de banda foi usada para análise final de HPTLC.

Para os flavonóides, os extractos foram carregados em placas de TLC de sílica gel 60F254 utilizando Camag Linomat V. A câmara de TLC foi saturada utilizando a fase móvel de acetato de etilo-ácido fórmico-ácido acético glacial-água (100:11:11:26). O cromatograma foi ainda derivatizado com anisaldeído. As placas foram secas e observadas sob luz UV a 366nm utilizando a câmara de UV e as bandas separadas foram visualizadas, tendo as placas sido depois digitalizadas pelo scanner Camag TLC a 366nm. As imagens foram captadas com a unidade de documentação fotográfica Camag a 254 nm, 366 nm e luz branca (Wagner e Bladt, 1996).

Do mesmo modo, para as saponinas, foi utilizado um sistema de solventes constituído por clorofórmio-ácido acético-metanol-água (64:32:12:8) (Wagner *et al.,* 1986). O cromatograma foi ainda derivatizado com anisaldeído. As placas foram secas e observadas sob luz UV a 366 nm após a derivatização, utilizando a câmara de UV, e as bandas foram separadas

foram visualizadas. As placas foram digitalizadas com um scanner TLC Camag a 366 nm. As imagens foram captadas com a unidade de documentação fotográfica Camag a 254nm, 366nm e luz branca (Wagner e Bladt, 1996).

Resultados e discussão

A estimativa qualitativa preliminar dos fitoquímicos nas partes da planta em pó (folha, casca e flores) está resumida na tabela abaixo. O pó da folha, da casca e das flores de *Butea monosperma* (Lamk.) Taub. recolhido em ambos os locais (Murbad e Lonavala) mostrou a presença de flavonóides, saponinas, fenóis e taninos. As folhas e flores em pó de *Butea monosperma* (Lamk.) Taub. recolhidas em ambos os locais (Murbad e Lonavala) revelaram a presença de proteínas e triterpenos, enquanto a casca em pó de *Butea monosperma* (Lamk.) Taub. não revelou a presença de proteínas e triterpenos. O pó da casca e das flores de *Butea monosperma* (Lamk.) Taub. recolhido em ambos os locais (Murbad e Lonavala) revelou a presença de alcalóides e o pó das folhas de *Butea monosperma* (Lamk.) Taub. não revelou a presença de alcalóides.

Foi efectuado um trabalho semelhante em sete plantas medicinais como *Bryophyllum pinnatum, Ipomea aquatic, Oidenlandia corymbosa, Ricinus communis, Terminalia bellerica, Tinospora cordifolia* e *Xanthium strumarium* para mostrar a presença de fitoquímicos (Yadav e Agarwala, 2011). As plantas medicinais nigerianas (*Aspilia africana* e *Bryophyllum pinnatum)* foram analisadas quanto à sua composição química, vitaminas e minerais. (Okwu e Josiah, 2006). As sementes das plantas (*Artocarpus communis, Artocarpus heterophyllus, Calophyllum inophyllum, Garcinia kola, Garcinia mangostana, Pentaclethra macrophylla e Treculia africana*) foram estudadas quanto à presença de taninos, saponinas, flobotaninos, terpenóides

flavonóides, glicosídeos cardíacos, antraquinona combinada, antraquinona livre, carotenóides, esteróides, compostos redutores e alcalóides (Ajayi *et al.*, 2011).

A análise quantitativa do teor de flavonóides, alcalóides, fenóis e saponinas nas partes da planta em pó (folha, casca e flores) de *Butea monosperma* (Lamk.) Taub. recolhidas em Murbad (BmM) e Lonavala (BmL) mostrou uma variação marginal. As amostras colhidas em Murbad apresentaram um teor ligeiramente superior de fitoquímicos (flavonóides, alcalóides, saponinas e fenóis) em comparação com a localização de Lonavala. Quando comparado com as partes da planta, o teor de flavonóides nas amostras de flores colhidas em ambos os locais (BmM - 130mg/g, BmL - 120mg/g) foi superior ao das folhas (BmM - 70mg/g, BmL - 50mg/g) e da casca (BmM - 50mg/g, BmL - 20mg/g). Da mesma forma, o teor de alcalóides nas amostras de flores recolhidas em ambos os locais (BmM - 35mg/g, BmL - 30mg/g) e na casca (BmM - 23mg/g, BmL - 20mg/g).

O teor de saponina nas diferentes partes da planta mostrou uma diferença muito pequena. O teor de saponina nas amostras de flores recolhidas em ambos os locais (BmM - 66mg/g, BmL - 63mg/g), na folha (BmM - 29mg/g, BmL - 23mg/g) e na casca (BmM - 38mg/g, BmL - 31mg/g).

O teor de fenol nas amostras de casca (BmM - 1,26mg/g de catecol, BmL - 1,14mg/g de catecol) foi superior ao das flores (BmM - 0,91mg/g de catecol, BmL - 0,89mg/g de catecol) e folhas (BmM - 0,83mg/g de catecol, BmL - 0,71mg/g de catecol) em amostras recolhidas em ambos os locais.

recolhidas em Murbad e Lonavala

Fito Componentes	Método/ensaio	Partes de plantas recolhidas na localidade de Murbad			Partes de plantas recolhidas em Lonavala		
		L	B	F	L	B	F
Triterpenos	Teste de Salkowski	+	-	+	+	-	+
Fenol	Ensaio com cloreto férrico	+	+	+	+	+	+
Taninos	Ensaio com cloreto férrico	+	+	+	+	+	+
Proteínas	Teste xantoproteico	+	-	+	+	-	+
Flavonóides	Ensaio do amónio	+	+	+	+	+	+
Alcalóides	Reagente de Mayer e Teste do reagente de Wagner	-	+	+	-	+	+
Saponinas	Ensaio de emulsão de espuma	+	+	+	+	+	+

Chaves: + = Presente; - = Ausente; L = Folha; B = Casca; F = Flor

Análise quantitativa de folhas, cascas e flores de *Butea monosperma* (Lamk.) Taub. colhidas em Murbad e Lonavala

Método/ensaio	Partes de plantas recolhidas em Murbad Location			Partes de plantas recolhidas em Lonavala Location		
	L	B	F	L	B	F
Flavonóides (mg/g)	70.00 ±0.02	50.00 ±0.01	130.00 ±0.02	50.00 ±0.01	20.00 ±0.01	120.00 ±0.01
Alcalóides (mg/g)	0.00	23.00 ±0.001	35.00 ±0.002	0.00	20.00 ±0.001	30.00 ±0.002
Fenóis (mg/g)	0.83 ±0.25	1.26 ±0.37	0.91 ±0.21	0.71 ±0.28	1.14 ±0.51	0.89 ±0.49
Saponinas (mg/g)	29.00 ±0.001	38.00 ±0.002	66.00 ±0.002	23.00 ±0.001	31.00 ±0.001	63.00 ±0.002

Os valores são a média ± D.S. de três determinações

Chaves: + = Presente; - = Ausente; L = Folha; B = Casca; F = Flores

A estimativa fitoquímica quantitativa de *Ocimum santum* revelou 11,50% de flavonóides, 11,80% de alcalóides, 0,58% de saponinas e 0,05% de fenóis (Koche *et al.*, 2010). Da mesma forma, as raízes de *Svensonia hyderobadensis* apresentaram 160,87mg/g de fenóis e as folhas apresentaram um elevado teor de flavonóides 133,95mg/g (Rao, 2012). *Barleria buxifolia Linn.* apresentou 14,65mg/g de fenóis, 26,80mg/g de flavonóides (Shivakumar *et al.*, 2012).

Os resultados da TLC mostraram a melhor separação para flavonóides e saponinas utilizando fases móveis para flavonóides (acetato de etilo - ácido fórmico - ácido acético glacial - água) e saponinas (clorofórmio - ácido acético - metanol - água). A análise da impressão digital HPLTC foi efectuada com as mesmas fases móveis.

Análise HPTLC para flavonóides

A fase móvel acetato de etilo-ácido fórmico-ácido acético glacial-água (100:11:11:26) foi utilizada para a análise de flavonóides por HPTLC de partes de plantas (folha, casca e flores) de *Butea monosperma* (Lamk.) Taub. colhidas em Murbad e Lonavala, a fim de obter picos de alta resolução e reprodutíveis a 366nm.

Butea monosperma (Lamk.) Taub. folha

O extrato de folhas de *Butea monosperma* (Lamk.) Taub. recolhido na localidade de Murbad apresentou 9 manchas com valores Rf 0,17, 0,23, 0,33, 0,44, 0,69, 0,76, 0,79, 0,90, 0,92 e o extrato de folhas de *Butea monosperma* (Lamk.) Taub. recolhido na localidade de Lonavala também apresentou 8 manchas com valores Rf 0,13, 0,20, 0,25, 0,69, 0,79, 0,81, 0,85, 0,90.

Casca de *Butea monosperma* (Lamk.) Taub.

O extrato de casca de *Butea monosperma* (Lamk.) Taub. colhido em Murbad mostrou 4 manchas com valores Rf 0,53, 0,77, 0,83, 0,87 e o extrato de casca de *Butea monosperma* (Lamk.) Taub. colhido em Lonavala mostrou 4 manchas com valores Rf 0,29, 0,85. .

Flores de *Butea monosperma* (Lamk.) Taub.

O extrato das flores de *Butea monosperma* (Lamk.) Taub. colhidas em Murbad mostrou 11 manchas com valores Rf 0,20, 0,32, 0,41, 0,48, 0,62, 0,69, 0,72, 0,75, 0,82, 0,85, 0,92 e o extrato de flores de *Butea monosperma* (Lamk.) Taub. recolhido em Lonavala apresentou 7 manchas com valores Rf 0,28, 0,36, 0,44, 0,55, 0,68, 0,77, 0,88. Observou-se uma variação na comparação dos valores Rf de ambas as localizações.

Análise HPTLC de saponinas

A fase móvel clorofórmio-ácido acético-metanol-água (64:32:12:08) foi utilizada para a análise de saponinas por HPTLC de partes de plantas (folha, casca e flores) de *Butea monosperma* (Lamk.) Taub. colhidas em Murbad e Lonavala, a fim de obter picos de alta resolução e reprodutíveis a 366nm.

Butea monosperma (Lamk.) Taub. folha

O extrato de folhas de *Butea monosperma* (Lamk.) Taub. colhidas na localidade de Murbad apresentou 12 manchas com valores Rf 0,11, 0,17, 0,22, 0,28, 0,33, 0,36, 0,56, 0,72, 0,83, 0,85, 0,87, 0,89 e o extrato de folhas de *Butea monosperma* (Lamk.) Taub. colhidas na localidade de Lonavala também apresentou 12 manchas com valores Rf 0,07, 0,12, 0,18, 0,29, 0,31, 0,36, 0,42, 0,51, 0,57, 0,63, 0,68, 0,86.

Casca de *Butea monosperma* (Lamk.) Taub.

O extrato de casca de *Butea monosperma* (Lamk.) Taub. recolhido em Murbad mostrou 9 manchas com valores Rf 0,09, 0,20, 0,27, 0,35, 0,43, 0,75, 0,83, 0,87, 0,89 e o extrato de casca de *Butea monosperma* (Lamk.) Taub. recolhido em Lonavala mostrou 5 manchas com valores Rf 0,07, 0,18, 0,25, 0,39, 0,86.

Flores de *Butea monosperma* (Lamk.) Taub.

O extrato de casca de *Butea monosperma* (Lamk.) Taub. recolhido em Murbad mostrou 11 manchas com valores Rf 0,07, 0,10, 0,15, 0,27, 0,36, 0,42, 0,47, 0,70, 0,78, 0.86, 0.91 e o extrato de casca de *Butea monosperma* (Lamk.) Taub.

recolhido na localidade de Lonavala mostrou 8 pontos com valores Rf 0.06, 0.08, 0.14, 0.33, 0.37, 0.44, 0.69, 0.85.

Os fitoquímicos são os principais compostos responsáveis pelas propriedades medicinais das plantas. Por conseguinte, as plantas medicinais podem ser uma fonte potencial de nutracêuticos. As substâncias fitoquímicas, como os flavonóides, as saponinas, os alcalóides e os fenóis, são as substâncias mais importantes responsáveis pelos valores medicinais das plantas, incluindo as actividades antioxidante, anticancerígena e antimicrobiana.

As nossas observações para a análise fitoquímica preliminar da folha, casca e flores de *Butea monosperma* (Lamk.) Taub. de ambos os locais foram semelhantes. As amostras recolhidas na localidade de Murbad foram analisadas por HPTLC para flavonóides nas partes da planta de *Butea monosperma* (Lamk.) Taub. (folha, casca e flores)

Número de pico	**Partes de plantas recolhidas na localidade de Murbad**			**Partes de plantas recolhidas em Lonavala Location**		
	Rf máxima a 366nm					
	L	**B**	**F**	**L**	**B**	**F**
1	0.17	0.53	0.20	0.13	0.29	0.28
2	0.23	0.77	0.32	0.20	0.85	0.36
3	0.33	0.83	0.41	0.25	-	0.44
4	0.44	0.87	0.48	0.69	-	0.55
5	0.69	-	0.62	0.79	-	0.68
6	0.76	-	0.69	0.81	-	0.77
7	0.79	-	0.72	0.85	-	0.88
8	0.90	-	0.75	0.90	-	-
9	0.92	-	0.82	-	-	-
10	-	-	0.85	-	-	-
11	-	-	0.92	-	-	-

Chaves: L = Folha; B = Casca; F = Flores

Análise HPTLC para saponinas em partes da planta de *Butea monosperma* (Lamk.) Taub. (folha, casca e flores)

Número de pico	**Partes de plantas recolhidas em Murbad Location**			**Partes de plantas recolhidas em Lonavala Location**		
	Rf máxima a 366nm					
	L	**B**	**F**	**L**	**B**	**F**
1	0.11	0.09	0.07	0.07	0.07	0.06
2	0.17	0.20	0.10	0.12	0.18	0.08
3	0.22	0.27	0.15	0.18	0.25	0.14
4	0.28	0.35	0.27	0.29	0.39	0.33
5	0.33	0.43	0.36	0.31	0.86	0.37
6	0.36	0.75	0.42	0.36	-	0.44

7	0.56	0.83	0.47	0.42	-	0.69
8	0.72	0.87	0.70	0.51	-	0.85
9	0.83	0.89	0.78	0.57	-	-
10	0.85	-	0.86	0.63	-	-
11	0.87	-	0.91	0.68	-	-
12	0.89	-	-	0.86	-	-

Chaves: L = Folha; B = Casca; F = Flores

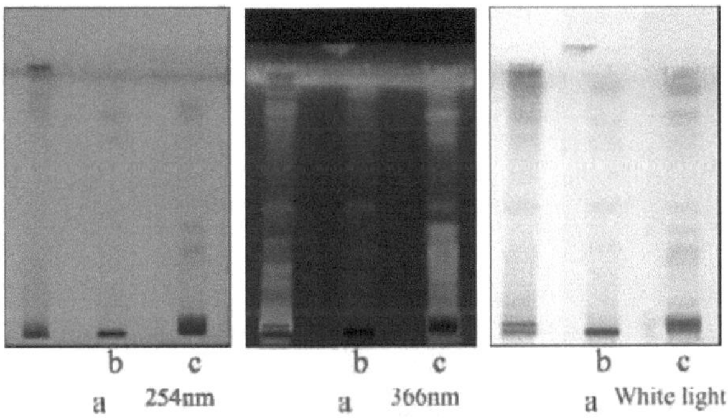

Impressão digital HPTLC de flavonóides em partes de plantas de *Butea monosperma* (Lamk.) Taub. (folha, casca e flores) colhidas em Murbad

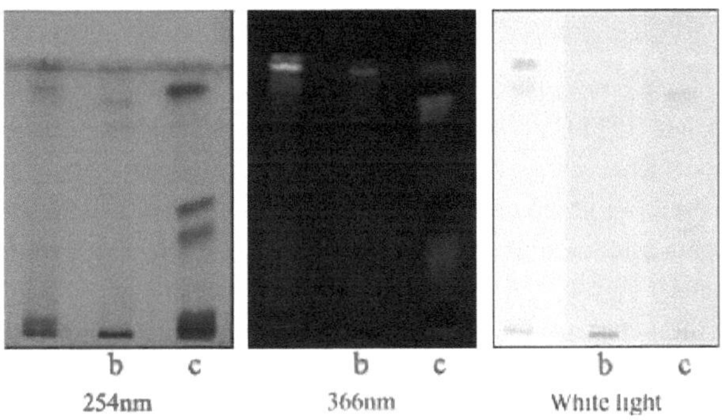

Impressão digital HPTLC de flavonóides em partes de plantas de *Butea monosperma* (Lamk.) Taub. (folha, casca e flores) recolhidas em Lonavala

Palavras-chave: a - Extrato de folhas; b - Extrato de cascas; c - Extrato de flores

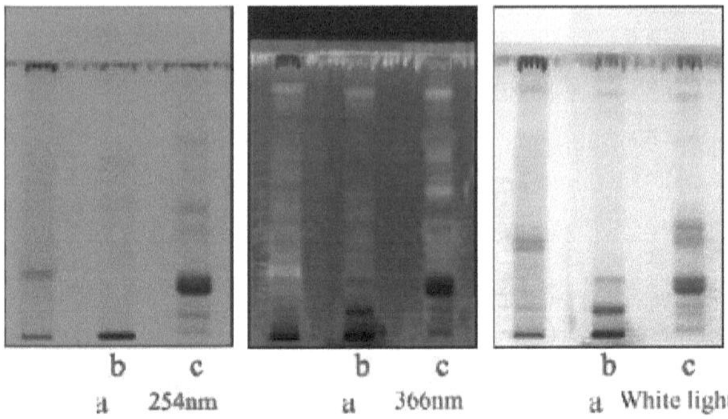

Impressão digital HPTLC de saponinas em partes de plantas de *Butea monosperma* (Lamk.) Taub. (folha, casca e flores) colhidas em Murbad

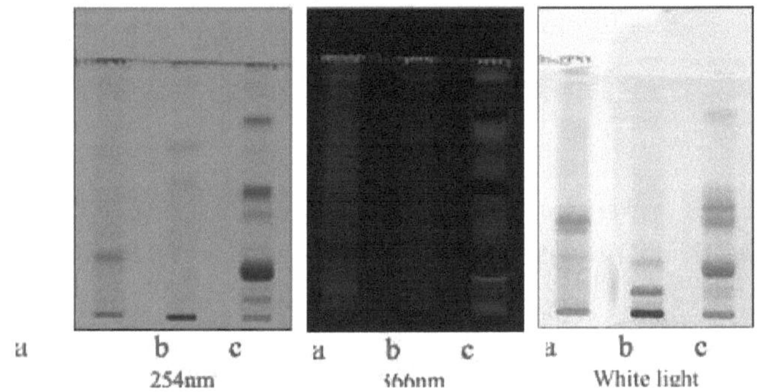

Impressão digital HPTLC de saponinas em partes de plantas de *Butea monosperma* (Lamk.) Taub. (folha, casca e flores) recolhidas em Lonavala

Palavras-chave: a - Extrato de folhas; b - Extrato de cascas; c - Extrato de flores selecionado para estudos adicionais como estudos antidiabéticos, antioxidantes e antimicrobianos.

A HPTLC é uma ferramenta valiosa para a investigação de produtos à base de plantas no que respeita a diferentes aspectos da sua qualidade (Yamunadevi *et al.*, 2012). A análise HPTLC foi testada para obter picos reprodutivos para flavonóides e saponinas. Os flavonóides constituem uma das classes de compostos mais caraterísticas das plantas. Desempenham um papel importante na resistência das espécies vegetais (Mishra *et al.*, 2012). A separação dos flavonóides foi conseguida utilizando acetato de etilo-ácido fórmico-ácido acético glacial-água (100:11:11:26) como fase móvel. A folha de *Butea monosperma* (Lamk.) Taub. recolhida na localidade de Murbad apresentou 9 bandas e a da localidade de Lonavala apresentou 8 bandas. A casca de Butea monosperma (Lamk.) Taub. recolhida em Murbad apresentou 4 bandas e a de Lonavala 2 bandas. As flores de *Butea monosperma* (Lamk.) Taub. recolhidas na localidade de Murbad apresentaram 11 bandas e as da localidade de Lonavala 7 bandas.

Estudos anteriores sobre a análise HPTLC em flores de *Butea monosperma*

(Lamk.) Taub. mostraram que o valor Rf 0,32 corresponde à butrina, 0,69 corresponde à isocoreopsina e 0,96 à buteína (Rasheed *et al.*, 2010). A folha de *Butea monosperma* (Lamk.) Taub. apresentou um valor Rf de 0,33 que pode corresponder à butrina e um valor Rf de 0,69 que pode corresponder à isocoreopsina. Do mesmo modo, nas flores, o valor Rf 0,32 pode corresponder à butrina e o valor Rf 0,69 pode corresponder à isocoreopsina. Observou-se no cromatograma uma zona fluorescente de cor amarela no UV 366nm para os flavonóides, o que confirmou a presença destes últimos.

As saponinas são conhecidas como compostos activos de superfície não voláteis que estão amplamente distribuídos na natureza. Têm uma gama diversificada de propriedades medicinais (Yamunadevi *et al.*, 2012). Os extractos metanólicos da folha, da casca e das flores de *Butea monosperma* (Lamk.) Taub. revelaram a presença de diferentes tipos de saponinas com diferentes valores Rf. A separação das saponinas foi conseguida utilizando clorofórmio-ácido acético-metanol-água (64:32:12:8) como fase móvel. As folhas de *Butea monosperma* (Lamk.) Taub. recolhidas na localidade de Murbad apresentaram 12 bandas e as da localidade de Lonavala apresentaram 12 bandas. A casca de Butea monosperma (Lamk.) Taub. recolhida em Murbad apresentou 9 bandas e a de Lonavala 5 bandas. As flores de *Butea monosperma* (Lamk.) Taub. recolhidas na localidade de Murbad apresentaram 11 bandas e as da localidade de Lonavala 8 bandas. Foram observadas zonas de coloração azul-violeta e amarelo-castanho no cromatograma, revelando a presença de saponinas na amostra.

Observou-se que as partes da planta (folha, casca e flores) de *Butea monosperma* (Lamk.) Taub. recolhidas em Murbad e Lonavala mostraram a presença de flavonóides, saponinas e fenóis num estudo preliminar e quantitativo. No estudo quantitativo, o teor de flavonóides nas flores de *Butea monosperma* (Lamk.) Taub. foi mais elevado do que nas folhas e na casca. A impressão digital HPTLC desenvolvida confirmou a presença de flavonóides e saponinas nas partes vegetais de *Butea monosperma* (Lamk.) Taub. A fase móvel foi considerada adequada para o estudo da separação de flavonóides e saponinas. A análise fitoquímica desenvolvida ajudará os fabricantes a distinguir os adulterantes e a normalizar a formulação à base de plantas.

- Corante de cor

A cor é um dos elementos da natureza que tornou a vida humana mais estética e fascinante no mundo. É suposto estarem associadas a emoções, qualidades humanas, estações do ano, festivais e paixao na nossa vida. No passado, no início da civilização, as pessoas tentavam ornamentar o seu ambiente de forma semelhante às cores naturais observadas nas plantas, no solo, no céu e noutras fontes. Este facto deu origem à nova ciência das cores de origem natural (Vankar, 2007).

Para compreender os conceitos de corantes naturais e de plantas produtoras de corantes, há três questões básicas que devem ser abordadas: Porque é que apenas algumas plantas são capazes de produzir corantes? Como é que a planta beneficia com a produção de corantes? Qual é a explicação evolutiva para a produção de corantes? As respostas às duas primeiras questões podem ser fundamentadas com duas outras questões, ou seja, "Porque é que as plantas têm tantas cores diferentes?" e "Que objetivo podem ter para a planta? O verde na maioria das folhas é certamente a cor vegetal mais omnipresente. O pigmento verde clorofila nas folhas ajuda a captar a energia do sol e converte-a em energia química, que é depois armazenada e utilizada como alimento para a planta. As cores das flores são adaptações que atraem insectos e outros animais que, por sua vez, polinizam e ajudam as plantas a reproduzir-se. Os flavonóides são um dos fitoquímicos mais importantes em algumas plantas e podem ser facilmente reconhecidos como pigmentos florais (Mishra *et al.*, 2012). Algumas plantas têm frutos coloridos que atraem os animais para os comerem, espalhando assim inadvertidamente as sementes da planta. Os cientistas também acreditam que outros pigmentos podem ajudar a proteger as plantas de doenças (Shah e Seth, 2010).

Apesar do que sabemos sobre o papel de alguns dos milhares de pigmentos das plantas, o papel da maioria das cores nas plantas continua a ser um mistério para nós até à data. Embora as plantas apresentem uma vasta gama de cores, nem todos estes pigmentos podem ser utilizados como corantes. Alguns não se dissolvem na água, outros não podem ser absorvidos pelas fibras, enquanto outros desvanecem-se quando lavados ou expostos ao ar ou à luz solar. Continua a ser um mistério o facto de as plantas nos recompensarem com corantes vibrantes. A Índia possui uma rica biodiversidade e não é apenas um dos doze países com maior diversidade do mundo, mas também um dos oito principais centros de origem e diversificação de taxa domesticados. Tem aproximadamente 490 000 espécies de plantas, das quais cerca de 17 500 são angiospérmicas; mais de 400 são espécies de culturas domesticadas e quase um número igual de parentes selvagens (Siva, 2007). Assim, a Índia alberga uma riqueza de recursos úteis de germoplasma e não há dúvida de que o reino vegetal é um tesouro de diversos produtos naturais. Um desses produtos da natureza é o corante. Os corantes naturais são amigos do ambiente, por exemplo, a curcuma, o mais brilhante dos corantes amarelos que ocorrem naturalmente, é um poderoso anti-sético que revitaliza a pele, enquanto o índigo dá uma sensação de arrefecimento (Mahanta e Tiwari, 2005).

Após a síntese acidental da malvaína por Perkin, na Alemanha, em 1856, e a sua subsequente comercialização, os corantes de alcatrão de hulha começaram a competir com os corantes naturais. O advento dos corantes sintéticos provocou um rápido declínio na utilização dos corantes naturais, que foram completamente substituídos pelos primeiros no espaço de um século. No entanto, a investigação demonstrou que os corantes sintéticos são suspeitos de libertar substâncias químicas nocivas, alérgicas, cancerígenas e prejudiciais para a saúde humana. Ironicamente, em 1996, a Alemanha tornou-se o primeiro país a proibir certos corantes azóicos (Singh, 2001).

Tipos de corantes naturais

Os corantes naturais podem ser classificados em três categorias: corantes naturais obtidos a partir de plantas, animais e minerais.

Corantes naturais obtidos a partir de plantas

Muitos corantes naturais foram obtidos principalmente a partir de plantas e dominam como fontes de corantes naturais, produzindo diferentes cores como vermelho, amarelo, azul, preto, castanho e uma combinação destes. Diferentes partes das plantas, como a raiz, a casca, a folha, o fruto, a madeira, a semente, a flor, etc., produzem corantes. É interessante notar que mais de 2000 pigmentos são sintetizados por várias partes das plantas, dos quais apenas cerca de 150 foram explorados comercialmente. Só na Índia, sabe-se que cerca de 450 taxa produzem corantes (Shah e Seth, 2010), dos quais 50 são considerados os mais importantes; dez destes são de raízes, quatro de cascas, cinco de folhas, sete de flores, sete de frutos, três de sementes, oito de madeira e três de gomas e resinas (Siva, 2007).

A procura crescente de corantes no mercado e a diminuição do número de plantas produtoras de corantes forçaram o aparecimento de corantes sintéticos como a anilina e o alcatrão de hulha, que ameaçaram a substituição total dos corantes naturais. Ainda hoje, alguns corantes continuam a ser derivados de fontes naturais; por exemplo, os corantes para batom continuam a ser obtidos a partir da *Bixa orellana* L. e do *Lithospermum erythrorhizon* Sieb e Zucc. e os corantes para sombras de olhos a partir do índigo. A quantidade de corante presente nas plantas varia muito consoante a estação do ano e a idade das plantas (The Wealth of India, 2003). Algumas plantas produtoras de corante com as suas propriedades medicinais são apresentadas no quadro seguinte.

Plantas tintoriais com utilizações medicinais

Nome botânico	**Peças utilizadas**	**Cor**	**Uso medicinal**
Abies spectabilis (D.Don.) Spach.	Cone	Puprle ou violeta	Utilizado para curar a tosse.
Ardisia solanacea Roxb.	Baga	Amarelo	As raízes são utilizadas na diarreia e no reumatismo.
Azadirachta inidica A. Juzz.	Casca	Castanho	Doenças da pele, folhas consideradas anti-sépticas
Carthamus tinctorius L.	Flor	Vermelho, amarelo	Óleo aplicado em feridas e inchaços reumáticos; também utilizado na iterícia
Crocus sativus L.	Flor	Amarelo, Laranja	Utilizado como sedativo e emenagogo.
Galium mangostana L.	Fruta	Preto	Utilizado na disenteria.
Euphorbia tirucalli L.	Madeira	Vermelho	Dor de dentes.
Cassia auriculata L.	.ower, semente	Amarelo	Folhas e frutos anti-helmíntico. Sementes utilizadas em infecções

			oculares. Raízes utilizadas em doenças de pele.

Corantes naturais obtidos a partir de minerais

O ocre é um corante obtido a partir de um minério terrestre impuro de ferro ou de argila ferruginosa, geralmente vermelho (hematite) ou amarelo (limonite). Para além de ser o principal minério de ferro, a hematite é um constituinte de uma série de abrasivos e pigmentos (Thakur, 2006).

Corantes naturais obtidos a partir de animais

A cochonilha é um corante vermelho brilhante produzido a partir de insectos que vivem em plantas de cato (Thakur, 2006).

Vantagens dos corantes naturais

- As tonalidades produzidas pelos corantes naturais são geralmente suaves, lustrosas e suaves para o olho humano.
- Os corantes naturais podem produzir uma vasta gama de cores através de um sistema de mistura e combinação. Uma pequena variação na técnica de tingimento ou a utilização de diferentes mordentes com o mesmo corante (corante natural de tipo poligénico) pode alterar as cores para uma vasta gama ou criar cores totalmente novas, o que não é facilmente possível com corantes sintéticos.
- Os corantes naturais produzem ideias de cores raras e harmonizam-se automaticamente.
- Ao contrário das matérias-primas de base não renováveis para os corantes sintéticos, os corantes naturais são geralmente renováveis, sendo agro-renováveis/vegetais e, ao mesmo tempo, biodegradáveis.
- Nalguns casos, como a harda, o índigo, *etc.*, os resíduos do processo tornam-se um fertilizante ideal para utilização nos campos agrícolas. Por conseguinte, não há problema de eliminação destes resíduos naturais.
- Muitas plantas desenvolvem-se em terrenos baldios. Assim, a utilização de terrenos baldios é um mérito adicional dos corantes naturais. Os corantes como a garança crescem como hospedeiros em jardins de chá. Assim, não é necessário qualquer custo ou esforço adicional para a cultivar.
- Trata-se de uma indústria de mão de obra intensiva, que proporciona oportunidades de emprego a todos os que se dedicam ao cultivo, à extração e à aplicação destes corantes em têxteis/alimentos/couro, etc.
- A aplicação de corantes naturais tem potencial para obter créditos de carbono ao reduzir o consumo de corantes sintéticos à base de combustíveis fósseis (petróleo).
- Alguns dos seus constituintes são anti-alérgicos, pelo que são seguros para o contacto com a pele e, na sua maioria, não são perigosos para a saúde humana.
- Alguns dos corantes naturais melhoram com a idade, enquanto os corantes sintéticos se desvanecem com o tempo.
- Os corantes naturais sangram mas não mancham outros tecidos, sendo o açafrão-da-terra uma exceção.

- Os corantes naturais são geralmente à prova de traça e podem substituir os corantes sintéticos no vestuário de criança e nos géneros alimentícios por razões de segurança (Samanta e Konar, 2011).

Limitações dos corantes naturais

- É difícil reproduzir as tonalidades utilizando corantes naturais, uma vez que estes produtos agrícolas variam de uma época de colheita para outra, de um local para outro e de uma espécie para outra, do período de maturação, etc.
- É difícil padronizar uma receita para a utilização de corantes naturais, uma vez que o processo de tingimento natural e o seu desenvolvimento de cor dependem não só do componente de cor, mas também dos materiais.
- O tingimento natural requer mão de obra especializada e é, por conseguinte, dispendioso. O baixo rendimento em termos de cor dos corantes naturais de origem exige, por conseguinte, a utilização de mais corantes, mais tempo de tingimento e um custo excessivo para os mordentes e a mordedura.
- O apoio científico de uma grande parte da ciência envolvida no tingimento natural está ainda por explorar.
- Falta de disponibilidade de conhecimentos técnicos precisos sobre as técnicas de extração e de tingimento.
- O tecido tingido pode mudar de cor quando exposto ao sol, ao suor e ao ar.
- Quase todos os corantes naturais, com algumas excepções, requerem a utilização de mordentes para os fixar ao substrato têxtil. Durante o tingimento, uma parte substancial do mordente permanece não esgotada no banho de corante residual e pode constituir um grave problema de eliminação de efluentes.
- Com algumas excepções, a maioria dos corantes naturais são fugitivos mesmo quando aplicados em conjunto com um mordente. Por conseguinte, por vezes, as suas classificações de desempenho de solidez da cor são inadequadas para a utilização têxtil moderna (Samanta e Konar, 2011).

A extração do componente de cor do material corante natural de origem é um passo importante para o tingimento de qualquer substrato têxtil para maximizar o rendimento da cor. Além disso, a normalização do processo de extração e a otimização das variáveis de extração, para uma determinada fonte de corante natural, têm importância técnica e comercial no rendimento da cor e no custo do processo de extração, bem como no custo do tingimento. Os corantes naturais podem ser obtidos a partir de várias fontes vegetais, como flores, caule ou madeira, raízes, cascas, etc., bem como de fontes animais e minerais. O componente corante presente nestas fontes tem de ser extraído de modo a poder ser aplicado adequadamente nos têxteis. Os corantes naturais de diferentes origens podem ser extraídos através de um método aquoso ou utilizando outros solventes orgânicos.

Estudo espetroscópico UV-Visível

A análise espetral UV-Vis de um extrato/solução aquosa/não aquosa de corantes naturais purificados com zona UV e zona visível, indicando picos e depressões em diferentes comprimentos de onda, mostra a sua principal tonalidade, absorção, etc.

Os picos e vales na zona visível indicam a cor e a absorção principais. A zona UV com/sem picos mostra a propriedade do corante sob luz UV, o que pode ser correlacionado com o comportamento de solidez (Samanta e Konar, 2011).

Análise cromatográfica

A cromatografia de camada fina (TLC) é utilizada por muitos trabalhadores para identificar corantes naturais em têxteis (Kharbade e Agarwal, 1985). Os corantes detectados são corantes de insectos e corantes vegetais, nomeadamente amarelo, vermelho e azul. Os corantes naturais de insectos, madder e indigoid também são analisados por HPLC (Koren, 1994). A análise por cromatografia TLC (Guinot *et al.*, 2006) é utilizada para efetuar uma avaliação preliminar das plantas que contêm flavonóides (flavonóis, flavonas, flavanonas, chalconas, auronas, antocinaninas), ácidos hidroxicinâmicos, taninos e antraquinonas, que são os fitocompostos (compostos corantes) presentes nas plantas. Destaca-se a identificação de corantes em têxteis históricos através de métodos cromatográficos e espectrofotométricos, bem como por reacções de cor sensíveis (Blanc *et al.*, 2006) e estuda-se também a retenção de ácido carmínico, indigotina, corcetina, ácido gambógico, flavonoide alizarina, antraquinona e purpurina (Szostek *et al.*, 2003). É relatado um método não destrutivo para identificar corantes desbotados em têxteis através da análise dos seus espectros de emissão e excitação.

Instrumentação para espetrometria de massa

A espetrometria de massa é apenas uma das muitas variedades de detectores que podem ser ligados à HPLC ou UHPLC. Em termos simples, um MS funciona para detetar a relação massa/carga (*m/z*) e a abundância dos vários analitos gerados durante a ionização de um extrato de amostra ou fração cromatográfica. A ionização é um passo fundamental, uma vez que os iões são muito mais facilmente manipulados do que as moléculas neutras. Infelizmente, as diferentes análises variam em termos de eficiência de ionização, ou seja, a proporção do metabolito em solução convertido em iões na fase gasosa. Uma vez ionizado, o analisador de massa detecta a abundância do ião e o *m/z*, que pode ser relacionado com o peso molecular absoluto da substância a analisar. Um sistema de dados (executado num computador pessoal) é responsável pelo armazenamento dos valores emparelhados *de m/z* e de abundância, bem como pelo seu processamento e visualização num formato de espetro de massa. Os três componentes principais presentes em todas as variedades de EM são uma fonte de ionização, um analisador de massa e um detetor; os três componentes são mantidos sob vácuo para otimizar a transmissão de iões ao analisador e ao detetor (Niessen, 1998 e Gross, 2004).

No presente estudo, o corante foi extraído das flores de *Butea monosperma* (Lamk.) Taub. utilizando vários solventes. Foram efectuadas análises HPTLC e LC-MS para identificar os principais fitoquímicos responsáveis pela cor das flores *de Butea monosperma* (Lamk.) Taub.

Materiais e métodos Material

Pó seco de flores *de Butea monosperma* (Lamk.) Taub.

Produtos químicos

O metanol, o etanol, a acetona, o clorofórmio, o tolueno e a água foram adquiridos à S.D. Fine chemicals e eram de qualidade HPTLC.

Método Preparação do corante

O extrato foi preparado para o corante utilizando 2 g de pó seco de flores *de Butea monosperma* (Lamk.) Taub. em 20 ml de diferentes solventes polares e não polares como metanol, etanol, acetona, clorofórmio, tolueno e água (aquosa). O corante foi extraído em vários solventes em condições optimizadas de extração, aquecendo-o em banho-maria durante 30 minutos (Samanta e Konar, 2011). Os extractos foram filtrados para obter 40% de extractos límpidos da solução colorida utilizando papel Whatmann 42 e as observações foram anotadas. Os corantes metanólico e aquoso apresentaram uma cor intensa, pelo que se procedeu a uma análise mais aprofundada apenas destes corantes através do estudo dos espectros de absorção utilizando o espetrofotómetro UV em diferentes comprimentos de onda (400 nm a 620 nm) (Plummer, 2003).

Análise HPTLC e análise LC-MS

O corante metanólico e aquoso extraído das flores de *Butea monosperma* (Lamk.) Taub. foi analisado por HPTLC. As amostras foram colocadas na placa de TLC e, simultaneamente, a fase móvel foi saturada na câmara de saturação durante 20 minutos. A placa TLC foi mantida na câmara e a fase móvel foi deixada a correr até $3/4^{th}$ da placa TLC. Em seguida, a placa foi retirada e seca para observação e análise.

10ɥl do extrato de flores de *Butea monosperma* (Lamk.) Taub. foi carregado em placas TLC $_{60F254}$ utilizando Camag Linomat V e foram

As placas foram desenvolvidas utilizando acetato de etilo-ácido fórmico-ácido acético glacial-água (100:11:11:26) como sistema solvente para a separação dos flavonóides. Após a secagem, as placas foram observadas sob luz UV a 254nm, 366nm e 520nm, utilizando a câmara de UV, e as manchas separadas foram visualizadas. As placas foram digitalizadas com um scanner Camag TLC a 520nm. As imagens foram captadas com documentação fotográfica Camag a 254nm, 366nm e luz branca (sem derivatização). A placa HPTLC preparatória do corante metanólico foi preparada para análise posterior. As três bandas visíveis foram raspadas e reconstituídas em metanol para análise LC-MS para obter a razão massa/carga. O equipamento utilizado no estudo LC-MS era da marca AB SCIEX, modelo API 2000, com modo de sintonização Q1.

Os quadrupolos foram uma das primeiras variedades de analisadores de massa utilizados em estudos metabolómicos, sendo aplicados tanto em LC-MS (Tolstikov e Fiehn, 2002) como em GC-MS (Fiehn *et al.*, 2000). O quadrupolo simples é constituído por quatro hastes metálicas paralelas. Cada par de hastes opostas está ligado eletricamente e é aplicada uma tensão RF entre um par de hastes e o outro. Uma tensão de corrente contínua (CC) é então sobreposta à tensão de RF. Uma tensão DC idêntica é aplicada a cada uma das quatro hastes; a

As hastes +/- estão posicionadas 180° fora de fase, pelo que é criado um campo quadrupolar quando a corrente contínua é aplicada. Este campo quadrupolar permite a passagem apenas de iões de massa dentro de uma determinada gama de massas; esta pode ser limitada aos iões presentes dentro de uma única gama de unidades de massa nominal ou, variando continuamente a tensão CC, o quadrupolo pode percorrer uma vasta gama de massas especificada pelo utilizador. A passagem de um ião de massa específica através do quadrupolo depende da relação entre Rf e a tensão CC. Os iões de massa fora da gama especificada atingem as hastes e são descarregados. Os iões de massa positiva são atraídos para as hastes negativas, enquanto o inverso acontece

observada para os iões de massa negativa. O quadrupolo pode, assim, ser considerado como um filtro de massa que funciona para permitir a passagem de apenas uma gama estreita de iões de massa para o detetor de cada vez (Niessen, 1998 e Gross, 2004).

Resultados e discussão

O corante metanólico e aquoso extraído das flores de *Butea monosperma* (Lamk.) Taub. apresentou um corante amarelo em comparação com outros solventes. O corante metanólico e o aquoso foram ainda analisados para estudar a absorção máxima utilizando o espetrofotómetro UV. A absorção máxima do corante metanólico foi observada a 520 nm e a do corante aquoso foi observada a 490 nm, como mostra a tabela abaixo.

A análise HPTLC de 10pl de corante metanólico extraído de flores *de Butea monosperma* (Lamk.) Taub. a 520nm mostrou 10 pontos com valor Rf 0,02, 0,14, 0,32, 0,42, 0,50, 0,75, 0,82, 0,84, 0,90, 0,91. Em 10Щ de corante aquoso de flores *de Butea monosperma* (Lamk.) Taub. a 520nm mostrou 10 pontos 0,02, 0,06, 0,10, 0,31, 0,41, 0,75, 0,84, 0,86, 0,89, 0,91. Como observado na luz branca.

O corante metanólico extraído das flores de *Butea monosperma* (Lamk.) Taub. com um valor Rf de 0,32 e o corante aquoso extraído das flores de *Butea monosperma* (Lamk.) Taub. com um valor Rf de 0,31 a 520nm apresentaram uma banda visível amarela escura, que pode corresponder à butrina. Enquanto que o valor Rf 0,42 a 520nm no corante metanólico extraído das flores de *Butea monosperma* (Lamk.) Taub. e 0,41 a 520nm no corante aquoso mostraram uma banda visível amarela clara, que pode corresponder à isobutrina

e o valor Rf 0,91 a 520nm em corantes metanólicos e aquosos extraídos das flores de *Butea monosperma* (Lamk.) Taub. apresentaram uma banda amarela visível, que pode corresponder à buteína. Isto mostrou que os flavonóides eram os principais fitoquímicos responsáveis pela cor das flores *de Butea monosperma* (Lamk.) Taub. Estas bandas de corante metanólico extraído de *Butea monosperma* (Lamk.) Taub. eram visíveis quando separadas da impressão digital HPTLC preparativa, pelo que estas bandas foram raspadas com bisturi e reconstituídas em metanol para análise posterior por LC-MS.

O corante extraído das flores de *Butea monosperma* (Lamk.) Taub. apresentou vários picos visíveis e numerosos picos pequenos.

A MS do metanol (MeOH) foi efectuada e mostrou os seguintes picos de massa molecular: 74.10, 85.30, 130.30, 149.10, 155.40, 167.30, 201.10, 301.10, 305.50, 367.50, 369.50, 383.50, 485.40, 531.50, 634.00 e 661.80. Do mesmo modo, quando o valor Rf do ponto 1 (0,32) foi analisado por MS, apresentou picos moleculares a 74,30, 85,30, 130,10, 149,10, 155,40, 167,10, 251,40, 274,10, 301,40, 353,50, 369,50, 381,60, 413,80, 485,50, 540,80, 568,70, 597,20, 634,00, 661,80, 685,50, 690,00 e 717,80. Enquanto o valor Rf do ponto 2 (0,42) mostrou picos de massa molecular em 74,10, 130,30, 155,40, 301,50, 353,50, 369,50, 381,50, 437,40, 597,20, 619,80 e 739,80, enquanto o valor Rf do ponto 3 (0,91) mostrou picos de massa molecular em 74,20, 273,50, 302,50, 318,50, 413,50, 464,60 e 803,70.

A partir das observações acima, os picos de massa molecular comum obtidos são 74,10 em MeOH, 74,30, 74,10, 74,20 nos pontos 1, 2 e 3, respetivamente. Do mesmo modo, 85,30 em MeOH e 85,30 no ponto 1; 130,30 em MeOH, 130,10 e 130,30 nos pontos 1 e 2, 149,10 em MeOH e 149,10 no ponto 1; 155,40 em MeOH e 155,40 nos pontos 1 e 2; 167,30 em MeOH e 167,10 no ponto 1; 301.10 em MeOH e 301,40 e 301,50 nos pontos 1 e 2; 369,50 em MeOH e 369,50 nos pontos 1 e 2; 485,40 em MeOH e 485,50 no ponto 1; 634,00 em MeOH e 634,00 no ponto 1; 661,80 em MeOH e 661,80 no ponto 1. Estes picos estão presentes em comum no MeOH e nos pontos 1, 2 e 3. Os outros picos presentes nos pontos 1, 2 e 3 são os picos dos fitoconstituintes presentes nas flores de *Butea monosperma* (Lamk.) Taub. e alguns são fragmentos ou impurezas.

No presente estudo, a massa molecular 597,8 pode corresponder à butrina (596) no ponto 1 com Rf 0,32, 597,5 pode corresponder à isobutrina (596,17) no ponto 2 com Rf 0,42 e 273,5 pode corresponder à buteína (272) no ponto 3 com Rf 0,91 (pico de alta intensidade). Observou-se que a massa molecular 302,50 pode corresponder à lanceoletina (302) no ponto 3 com Rf 0,91. Isto mostrou que a butrina, a isobutrina, a buteína e a lanceoletina são alguns fitoconstituintes que podem ser responsáveis pela cor amarela das flores de *Butea monosperma* (Lamk.) Taub. Muitos outros flavonóides, em combinação ou em formas puras, estão presentes nas flores de *Butea monosperma* (Lamk.) Taub. É necessária mais investigação para normalizar os outros flavonóides e a extração de outros compostos das flores *de Butea monosperma* (Lamk.) Taub. Num estudo anterior, observou-se que as flores de *Butea monosperma* (Lamk.) Taub. contêm fitoconstituintes butrina, isobutrina e buteína como supressores de células tumorais (Rasheed *et al.*, 2010). Foi isolada uma flavona das flores de *Butea monosperma* (Lamk.) Taub. identificada pela primeira vez como lanceoletina (Oberoi e Ledwani, 2010).

Espectros de absorção do corante metanólico e aquoso extraído das flores de *Butea monosperma* (Lamk.) Taub. em diferentes comprimentos de onda

Comprimento de onda (em nm)	Corante metanólico	Corante aquoso

400	0.71	0.74
410	0.89	0.91
420	1.08	1.04
430	1.20	1.19
440	1.32	2.01
450	1.51	2.11
460	1.74	2.20
470	1.88	2.24
480	1.96	2.35
490	2.06	**2.51**
500	2.15	2.46
510	2.40	2.22
520	**2.42**	2.21
530	1.11	1.26
540	0.64	0.93
550	0.39	0.68
560	0.24	0.55
570	0.14	0.45
580	0.10	0.40
590	0.08	0.36
600	0.08	0.33
610	0.06	0.28
620	0.05	0.28

Espectros de absorção do corante metanólico e aquoso extraído das flores de *Butea monosperma* (Lamk.) Taub. em diferentes comprimentos de onda

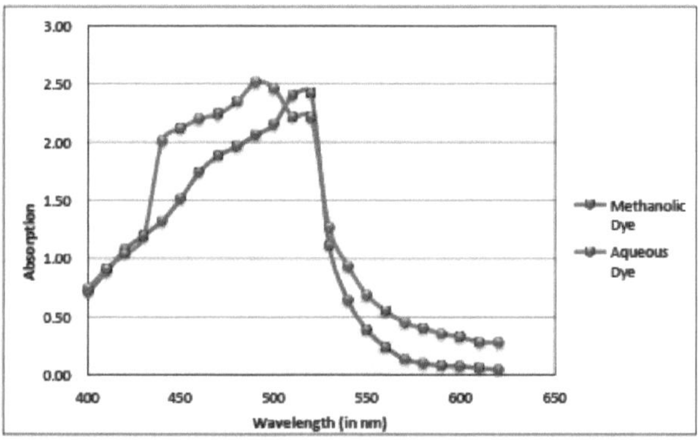

Impressão digital HPTLC do corante metanólico e aquoso extraído das flores de *Butea monosperma* (Lamk.) Taub.

N.º de pico	**Corante metanólico**	**Corante aquoso**
	Rf máxima a 520nm	

1	0.02	0.02
2	0.14	0.06
3	**0.32**	0.10
4	**0.42**	**0.31**
5	0.50	**0.41**
6	0.75	0.75
7	0.82	0.84
8	0.84	0.86
9	0.90	0.89
10	**0.91**	**0.91**

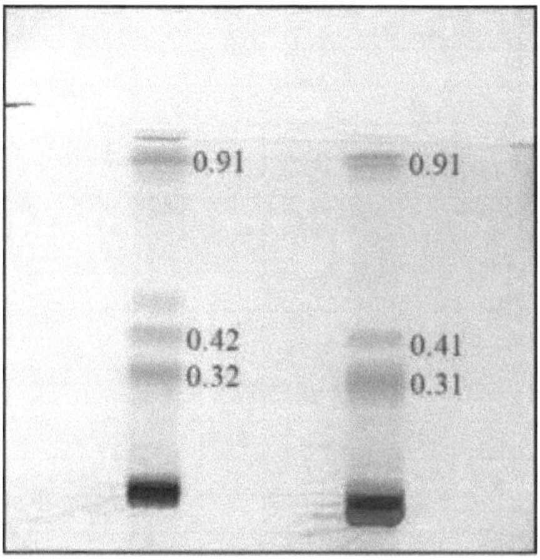

A B

Impressão digital HPTLC do corante metanólico e aquoso extraído das flores de *Butea monosperma* (Lamk.) Taub. à luz branca

Palavras-chave: A - Corante metanólico, B Corante aquoso

Impressão digital HPTLC preparativa do corante metanólico extraído das flores de

Butea monosperma (Lamk.) Taub.

Q1 MS de MeOH	Q1 EM do ponto 1	Q1 EM do Spot 2	Q1 EM do Spot 3
74.10	74.30	74.10	74.20
85.30	85.30	-	-
130.30	130.10	130.30	-
149.10	149.10	-	-
155.40	155.40	155.40	-
167.30	167.10	-	-
201.10	-	-	-
-	251.40	-	-
-	274.10	-	**273.50**
301.10	301.40	301.50	-
-	-	-	**302.50**
305.50	-	-	-
-	-	-	318.50
-	353.50	353.50	-
367.50	-	-	-
369.50	369.50	369.50	-
-	381.60	381.50	-
383.50	-	-	-
-	413.80	-	413.50
-	-	437.40	-
-	-	-	464.60
485.40	485.50	-	-
531.50	-	-	-
-	540.80	-	-
-	568.70	-	-
-	**597.80**	**597.50**	-
-	-	619.80	-
634.00	634.00	-	-
661.80	661.80	-	-
-	685.50	-	-
-	690.00	-	-
-	717.80	-	-
-	-	739.80	-
-	-	-	803.70

Observação Q1-MS para o metanol

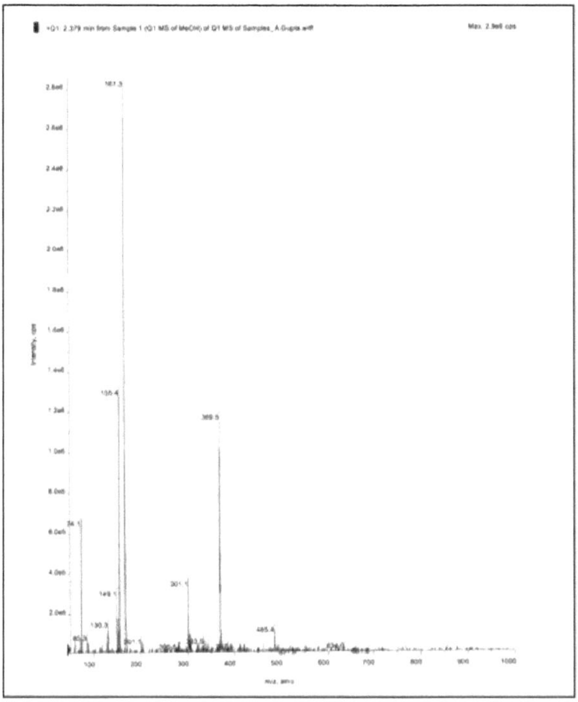
369.5
301.1
149.1
130.3
485.4
100
200
300
400
500
600
700
800
900
1000

Observação Q1-MS para o corante metanólico extraído das flores de *Butea monosperma* (Lamk.) Taub. para o ponto 1

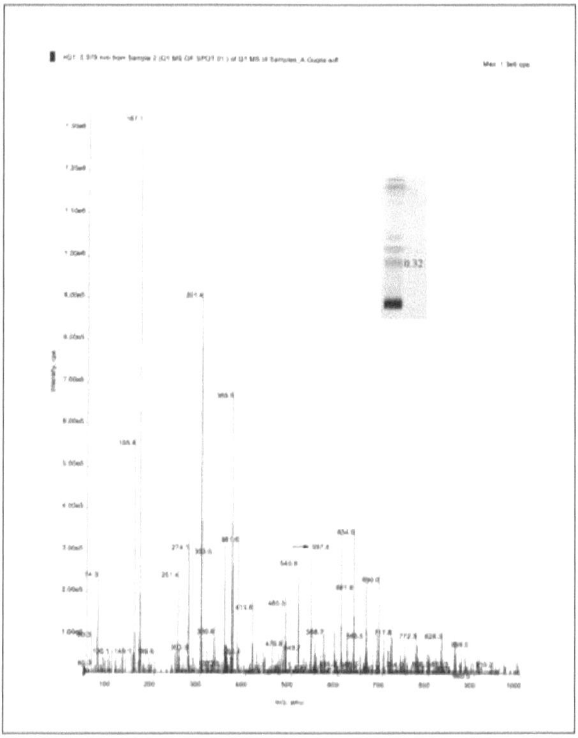

Observação Q1-MS para o corante metanólico extraído das flores de *Butea monosperma* (Lamk.) Taub. para o ponto 2

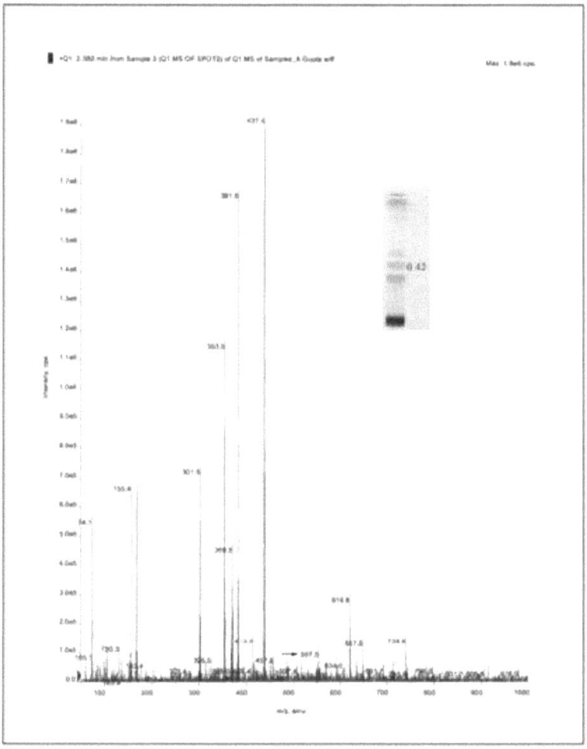

Observação Q1-MS para o corante metanólico extraído das flores de *Butea monosperma* (Lamk.) Taub. para o ponto 3

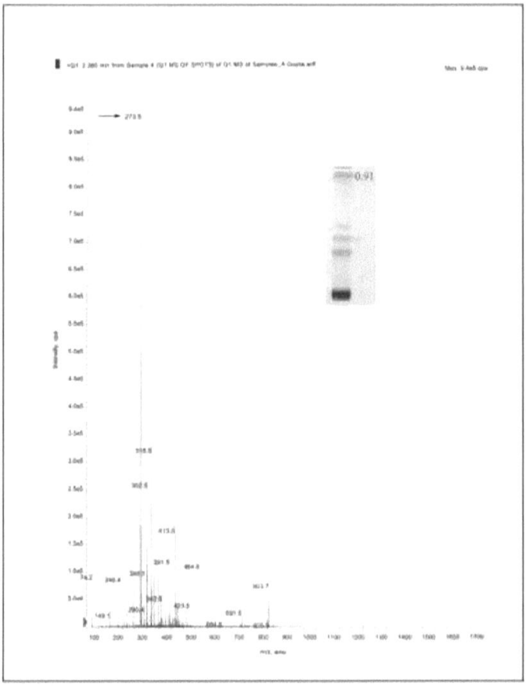

Foi observado um trabalho semelhante nos flavonóides extraídos de flores de calêndula que foram investigados quanto ao seu potencial de tingimento. A patulitrina e a patuletina foram isoladas e as suas estruturas estabelecidas por HPLC- MS (Guinot *et al.*, 2008). Foi investigado o procedimento de extração padrão para examinar as substâncias cromóforas da curcuma. A acetona e o metanol foram utilizados como solventes de extração com diferentes procedimentos de extração e níveis de pH. A análise GC-MS identificou a curcumina (6,7 min), o feruloilmetano (8,3 min), o cumarano (6,09 min), a vanilina (6,2 min) e o zingibereno (10,5 min) como os principais produtos. A curcumina, que é conhecida como a principal substância cromófora da curcuma, não foi detectada em nenhuma das amostras (Cheunsoon e Obendorf, 2006).

Foi observado no presente estudo que o corante metanólico e aquoso extraído das flores de *Butea monosperma* (Lamk.) Taub. apresentou uma cor amarela intensa. A análise HPTLC e LC-MS confirmou a presença de flavonóides responsáveis pela cor amarela nas flores *de Butea monosperma* (Lamk.) Taub. As flores são uma boa fonte de flavonóides que podem ser utilizados como corantes naturais. Os flavonóides têm também muitas propriedades medicinais e podem ser utilizados em tratamentos terapêuticos.

Capítulo 5

Estudo antidiabético

ESTUDO ANTIDIABÉTICO

• Estudo de toxicidade aguda

A medicina herbal é o triunfo da diversidade terapêutica popular. São conhecidos por serem os produtos de saúde mais antigos que têm sido utilizados pela humanidade em todo o mundo sob a forma de medicamentos folclóricos, medicamentos tradicionais ou medicamentos étnicos. A utilização terapêutica de medicamentos à base de plantas está a ganhar um impulso considerável no mundo durante a última década (Kumari *et al.*, 2011). De acordo com a Organização Mundial de Saúde (OMS) - "Qualquer planta e seus órgãos que contenham qualquer substância que possa ser utilizada terapeuticamente, ou que possa ser utilizada como matéria-prima para a síntese química farmacêutica" é classificada como droga (OMS, 1977).

Os medicamentos à base de plantas estão a desempenhar um papel importante no programa de cuidados de saúde nos países em desenvolvimento. Isto deve-se ao facto de serem baratos e estarem disponíveis localmente. Existe uma crença geral entre os consumidores a nível mundial de que os medicamentos à base de plantas são seguros porque são naturais. No entanto, as provas sugerem o contrário. O simples facto de um produto ser "natural" pode não significar que o produto seja seguro. Embora as provas limitadas sugiram que os efeitos adversos associados à utilização de medicamentos à base de plantas ocorrem em menor grau do que os medicamentos alopáticos. Estes ocorrem, embora sejam geralmente ligeiros e afectem apenas um pequeno número de pessoas. Provas recentes sugerem que algumas das ervas consideradas seguras ao longo das últimas décadas provaram estar associadas a riscos para a saúde. Os remédios à base de plantas podem atuar como agonistas ou antagonistas que potenciam algumas terapias medicamentosas. Por conseguinte, a compreensão dos medicamentos à base de plantas é um pré-requisito essencial para uma terapêutica à base de plantas eficaz. O avanço da tecnologia permitiu aos cientistas detetar uma quantidade ínfima de substâncias químicas cancerígenas e tóxicas nestas ervas e avaliar os efeitos potencialmente perigosos de algumas das ervas que têm sido utilizadas na medicina tradicional desde há séculos (George, 2011).

A toxicologia pode ser definida como o ramo da ciência que se ocupa do veneno, e um veneno pode ser definido como qualquer substância que causa efeitos nocivos quando administrada, por acidente ou intencionalmente, a um organismo vivo. A toxicidade em si raramente pode ser definida como um acontecimento molecular único, mas é antes uma cascata de acontecimentos que começa com a exposição, passa pela distribuição e metabolismo e termina com a interação com macromoléculas celulares (normalmente ADN ou proteínas) e o ponto final de expressão. Esta sequência pode ser atenuada pela excreção e reparação (Hodgson, 2004)

Efeitos tóxicos

A toxicidade é complexa, com muitos factores que a influenciam; a dosagem é o mais importante. As substâncias químicas estranhas ao organismo podem causar muitos tipos de toxicidade através de uma variedade de mecanismos. Algumas substâncias químicas são elas próprias tóxicas e são por vezes designadas por compostos "parentais". Outros devem ser metabolizados (alterados quimicamente dentro do corpo) antes de causarem toxicidade (Cutler, 2013).

Factores que influenciam a toxicidade

A toxicidade de uma substância depende da forma e da atividade química inata, da dosagem, especialmente da relação dose-tempo, da via de exposição, da espécie, da idade, do sexo, da capacidade de absorção, do metabolismo, da distribuição no organismo, da excreção e da presença de outras substâncias químicas.

Os efeitos tóxicos são geralmente classificados de acordo com o local do efeito tóxico. Em alguns casos, o efeito pode ocorrer apenas num local. Este local é designado por órgão-alvo específico. Noutros casos, os efeitos tóxicos podem ocorrer em vários locais. Esta situação é designada por toxicidade sistémica.

Seguem-se os tipos de toxicidade sistémica:

- Toxicidade aguda
- Toxicidade subcrónica
- Toxicidade crónica
- Carcinogenicidade
- Toxicidade para o desenvolvimento
- Toxicidade genética (células somáticas)

Toxicidade aguda

A toxicidade aguda é geralmente definida como as alterações adversas que ocorrem imediatamente ou num curto espaço de tempo após um único ou curto período de exposição a uma substância ou substâncias ou como os efeitos adversos que ocorrem num curto espaço de tempo após a administração de uma dose única de uma substância ou de doses múltiplas administradas num período de 24 horas. Um efeito adverso é "qualquer efeito que resulte numa perturbação funcional que possa afetar o desempenho de todo o organismo ou que reduza a capacidade do órgão para responder a um desafio adicional". Consequentemente, uma substância química que entra no organismo pela via oral durante um período de tempo restrito e produz qualquer efeito adverso com pouco tempo é tóxica por via oral e aguda. No entanto, o termo toxicidade oral aguda é mais frequentemente utilizado em ligação com as determinações da letalidade e da DL_{50} (Walum, 1998).

Toxicidade subcrónica

A toxicidade subcrónica resulta da exposição repetida durante várias semanas ou meses. Este é um padrão comum de exposição humana a alguns produtos farmacêuticos e agentes ambientais.

Toxicidade crónica

A toxicidade crónica representa danos cumulativos em sistemas de órgãos específicos e leva muitos meses ou anos para se tornar uma doença clínica reconhecível. Os danos causados por exposições individuais subclínicas podem passar despercebidos. Com exposições repetidas ou exposições contínuas a longo prazo, os danos causados por estas exposições subclínicas acumulam-se lentamente (danos cumulativos) até que os danos excedam o limiar da toxicidade crónica. Em última análise, os danos tornam-se tão graves que o órgão deixa de poder funcionar normalmente e podem resultar numa variedade de efeitos tóxicos crónicos.

Carcinogenicidade

A carcinogenicidade é um processo complexo e multifásico de crescimento e diferenciação celular anormal que pode conduzir ao cancro. São reconhecidas, pelo menos, duas fases: iniciação, em que uma célula normal sofre alterações irreversíveis, e promoção, em que as células iniciadas são estimuladas a progredir para cancro. Os produtos químicos podem atuar como iniciadores ou promotores de tumores.

Toxicidade para o desenvolvimento

A toxicidade para o desenvolvimento diz respeito aos efeitos tóxicos adversos para o embrião ou feto em desenvolvimento. Estes efeitos podem resultar da exposição a substâncias tóxicas de um dos progenitores antes da conceção ou da mãe e do seu embrião-feto em desenvolvimento.

Toxicidade genética

A toxicidade genética resulta de danos no ADN e da alteração da expressão genética. Este processo é conhecido como mutagénese. A alteração genética é designada por mutação e o agente que provoca a alteração por mutagénio.

Papel da Organização Mundial de Saúde (OMS) na fitomedicina

Em 1991, a OMS elaborou diretrizes para a avaliação dos medicamentos à base de plantas e a 6th Conferência Internacional das Autoridades Reguladoras dos Medicamentos, realizada em Otava no mesmo ano, ratificou as mesmas. As principais caraterísticas das diretrizes da OMS são as seguintes

- **Avaliação da qualidade:** Preparação de materiais vegetais em bruto ou de extractos de plantas e produto acabado.
- **Estabilidade:** Prazo de validade.
- **Avaliação da segurança:** Documentação da segurança baseada na experiência e em estudos toxicológicos.
- **Avaliação da eficácia:** Provas documentadas da utilização tradicional e determinação da atividade (animais e humanos) (Kamboj, 2000).

As diretrizes da Organização para a Cooperação e Desenvolvimento Económico (OCDE) são reconhecidas mundialmente como uma ferramenta de referência padrão para os ensaios de produtos químicos. As diretrizes da OCDE para o ensaio de produtos químicos são revistas periodicamente à luz do processo científico e da evolução das práticas de avaliação. Tendo em conta as questões éticas relacionadas com os estudos em animais, foram adoptados métodos alternativos como as Diretrizes de Ensaio 420, 423 e 425 da OCDE durante a década de 1990. Embora os métodos alternativos revistos ainda exijam a utilização de animais, o número de animais necessários para qualquer uma das alternativas foi drasticamente reduzido (OCDE, 1998). As diretrizes da OCDE são resumidas da seguinte forma:

Diretriz da OCDE n.º 420 (Procedimento de dose fixa)

O estudo de observação está incluído no estudo de toxicidade aguda da Diretriz 420, a fim de escolher uma dose inicial adequada e de minimizar o número de animais utilizados. As doses fixas pré-especificadas de 5mg/kg, 50mg/kg, 300mg/kg ou 2000mg/kg são utilizadas tanto no estudo de observação como no estudo principal. Existe a opção de utilizar um nível de dose adicional de 5000mg/kg, mas apenas quando justificado por uma necessidade regulamentar específica. Os grupos de animais são doseados por etapas, sendo a dose inicial selecionada como a dose que se espera que produza alguns sinais de toxicidade. Outros grupos de animais podem ser doseados com doses fixas mais elevadas ou mais baixas, dependendo da presença de sinais de toxicidade, até se atingir o objetivo do estudo. No estudo principal, são administrados seis animais adultos do mesmo sexo por grupo.

Diretriz da OCDE n.º 423 (Método da classe de toxicidade aguda)

Para o estudo da toxicidade aguda, são utilizadas doses fixas pré-especificadas de 5mg/kg, 50mg/kg, 300mg/kg ou 2000mg/kg. Existe a opção de utilizar um nível de dose adicional de 5000mg/kg, mas apenas quando justificado por uma necessidade regulamentar específica. Os grupos de animais são doseados por etapas, sendo a dose inicial selecionada como a dose que se espera que produza mortalidade em alguns animais. Outros grupos de animais podem ser doseados com doses fixas mais elevadas ou mais baixas, dependendo da presença de mortalidade, até que o objetivo do estudo seja alcançado. O teste utiliza grupos de três animais de um sexo por estudo.

Diretriz da OCDE n.º 425 (método Up and Down)

Trata-se também de um procedimento por etapas para a determinação da toxicidade aguda, mas é efectuado utilizando animais, para uma dose. O primeiro animal recebe uma dose imediatamente inferior à dose LD50. Em função dos resultados obtidos no animal, a dose do animal seguinte é aumentada ou diminuída. Esta sequência continua até se verificar uma inversão do resultado inicial (ou seja, o ponto em que um aumento da dose resulta em morte em vez de sobrevivência, ou uma diminuição da dose resulta em sobrevivência em vez de morte). A opção de utilizar uma dose limite superior só deve ser adoptada quando justificada por uma necessidade regulamentar específica.

Considerações sobre o bem-estar dos animais

As três diretrizes prevêem uma redução significativa do número de animais utilizados em comparação com a Diretriz 401, que exigia um mínimo de 20 animais num ensaio. Além disso, todas elas contêm a exigência de seguir o documento de orientação da OCDE sobre parâmetros humanos, o que deverá reduzir o sofrimento geral dos animais utilizados neste tipo de ensaio de toxicidade. Além disso, a Diretriz 420 tem como parâmetro a toxicidade em vez da mortalidade e utiliza um estudo de observação para minimizar o número de animais. As seguintes estimativas do número de mortes relacionadas com o tratamento para ensaios efectuados com substâncias com valores LD_{50} inferiores a 5000mg/kg baseiam-se na experiência prática e em estudos de validação que utilizam versões anteriores destas diretrizes e modelos estatísticos.

- Diretriz 420: Normalmente, é de esperar que um animal morra durante o ensaio.
- Diretriz 423: É previsível a morte de dois ou três animais por ensaio durante o mesmo.
- Diretriz 425: O número esperado de mortes é de dois ou três.

De acordo com as três diretrizes, devem ser efectuadas observações clínicas cuidadosas dos animais, pelo menos duas vezes no dia da administração ou com maior frequência quando indicado pela resposta dos animais ao tratamento e, posteriormente, pelo menos uma vez por dia, sendo efectuadas observações adicionais se os animais continuarem a apresentar sinais de toxicidade. As observações incluem alterações da pele e do pelo, dos olhos e das mucosas, dos sistemas respiratório, circulatório, nervoso central e autónomo, da atividade somatomotora e do padrão de comportamento.

Utilização de um único sexo

O estudo da toxicidade aguda é efectuado utilizando animais de um único sexo, a fim de reduzir a variabilidade e minimizar o número de animais utilizados no estudo. As fêmeas são utilizadas devido à sua natureza sensível, de acordo com os testes convencionais de DL_{50} (OCDE, 1998).

Ensaio de limite

Todas as substâncias químicas podem produzir toxicidade em sistemas biológicos quando são administradas doses suficientemente elevadas em determinadas condições experimentais. Os estudos de toxicidade aguda não devem ser efectuados em doses elevadas com o objetivo de demonstrar a letalidade ou a toxicidade. Deve haver um ponto em que o investigador possa concluir que uma substância em estudo é praticamente não tóxica ou não letal após uma exposição aguda.

De acordo com o princípio do ensaio limite da OCDE, uma dose de ensaio de 2000mg/kg ou

Excecionalmente 5000mg/kg podem ser utilizados para a toxicidade oral aguda (Wallace, 1994).

No presente estudo, a toxicidade dos pós das folhas, da casca e das flores de *Butea monosperma* (Lamk.) Taub. foi avaliada em ratinhos fêmeas albinos suíços após a sua administração oral de acordo com a diretriz 420 da OCDE.

A aprovação do protocolo (PB101006-01) foi obtida junto do Comité Institucional de Revisão da Ética Animal do Ramnarain Ruia College, Matunga, Mumbai e o estudo foi realizado de acordo com as diretrizes do Comité para efeitos de Controlo e Supervisão de Experiências em Animais (CPCSEA) para a utilização e tratamento de animais experimentais.

Materiais e métodos Material vegetal

O pó seco da folha, casca e flores de *Butea monosperma* (Lamk.) Taub. foi embebido em água destilada para obter uma pasta aquosa da planta a ser utilizada no estudo.

Animais

Para o estudo da toxicidade, foram adquiridos ratos albinos suíços fêmeas da Bharat Serum Limited, Thane. Os seus pesos corporais situavam-se entre 35 e 45 g.

Manutenção dos animais

Os animais foram alojados em gaiolas de poliuretano. As gaiolas foram equipadas com cama de casca de arroz e limpas diariamente. Os animais foram aclimatados durante 7 dias e receberam água potável *ad libitum*. A sala dos animais foi mantida a uma temperatura ambiente de 30 a 32°C e a uma humidade relativa de 60 a 70%. A taxa de troca de ar é contínua, através de um sistema de entrada de ar fresco e de saída de ar viciado. A iluminação é controlada por um interrutor horário que permite ciclos contínuos de 12 horas de luz e 12 horas de escuridão. Os animais foram alimentados com

com água potável *ad libitum* e alimentados com ração para ratos disponível comercialmente fornecida pela Amrut feed.

As especificações dos alimentos para animais		são os seguintes:
Proteínas brutas		20 - 21% no mínimo
Extrato de éter	:	4 - 5% no mínimo
Fibra bruta	:	4% máximo
Cinzas	:	8% máximo
Cálcio	:	1.2%
Fósforo		0,6% mínimo
NFE (Extrato livre de N2)	:	54%
ME kcal/kg	:	3600
Tamanho do Pillet	:	12mm

A ração é enriquecida com vitaminas estabilizadas, tais como vitamina D3, vitamina B12, tiamina, riboflavina, niacina, ácido fólico e super fermentada com todos os minerais e microelementos, tal como afirmado pelo fabricante.

Foram utilizados ratos albinos suíços mantidos em condições laboratoriais normais. Para determinar a toxicidade aguda de uma administração oral única de 2 ml de lama aquosa (2 g/kg de peso corporal) da folha, casca e flores de *Butea monosperma* (Lamk.) Taub. foi administrada a diferentes grupos de ratinhos. Os animais foram mantidos em jejum durante a noite antes da administração do medicamento. Após a administração do fármaco à base de plantas, a alimentação foi suspensa durante cerca de 2 horas. Os animais foram cuidadosamente observados individualmente pelo menos uma vez durante os primeiros 30 minutos após a administração da dose, periodicamente durante as primeiras 24 horas e até 14 dias após a administração do medicamento. Os animais foram alimentados com ração comercial fornecida pela Amrut feed. Nos estudos de toxicidade, foram fornecidas diariamente quantidades medidas de água e de alimentos a cada gaiola. O consumo de água e de alimentos foi registado a partir da quantidade de água que restava no biberão e da quantidade de alimentos que restava no depósito de ração. Regime de dose para o estudo da toxicidade aguda de *Butea monosperma* (Lamk.) Taub.

Parâmetros	**Grupo 1 (Controlo)**	**rgrupo 2 (Folha)**	**Grupo 3 (Casca)**	**Grupo 4 (Flores)**
Sexo	Feminino	Feminino	Feminino	Feminino
Dose g/kg de peso corporal	-	2.0	2.0	2.0
N.º de ratos	6	6	6	6
Volume total administrado/animal (ml)	2.0*	2.0	2.0	2.0

Nota: * O grupo de controlo foi tratado com água destilada

PROTOCOLO DE ESTUDO DE TOXICIDADE AGUDA EM ANIMAIS

Material de teste : Pasta aquosa de *Butea monosperma* (Lamk.) Taub.
Modelo animal : Ratos albinos suíços
Sexo : Feminino
Peso dos animais : Entre 35-45g
N.º de grupos de dose : Quatro
Animais por grupo : Seis
Via de administração gavagem não 16. .: Administração intra-gástrica com
Volume da dose : 2,0 ml por animal
Veículo de administração : Água destilada
N.º de administração : Individual
Dose : 2g/kg de peso corporal
Aclimatação durante 7 dias antes da dosagem após a dosagem. e um período de observação de 14 dias
Parâmetros observados : Registo diário da mortalidade, peso corporal, ingestão de alimentos, ingestão de água e observação lateral da gaiola.

Unidade de Ensaios em Animais, Ruia College, Mumbai, (CPCSEA/315).

Resultados Mortalidade

A mortalidade é o principal critério para avaliar a toxicidade aguda. A dose mais elevada recomendada pelas diretrizes da OCDE é utilizada para o estudo. Em ratos tratados com o chorume da parte da planta, não se verificou mortalidade ou qualquer reação tóxica na dose mais elevada de 2,0 g/kg de peso corporal.

Peso corporal

Para monitorizar a saúde do animal, o peso corporal pode ser considerado um fator importante no estudo, uma vez que o efeito adverso na saúde dos animais pode ser notado quando o corpo começa a perder peso. Todos os animais dos grupos tratados não mostraram qualquer alteração significativa no peso corporal durante os 14 dias, o que não indica qualquer sinal de toxicidade.

Ingestão de alimentos e água

Quando comparados com o grupo de controlo, os animais tratados com folha, casca e flores de *Butea monosperma* (Lamk.) Taub. não observaram alterações significativas no consumo de alimentos e água em todos os ratos.

Parâmetros do lado da gaiola

Todos os outros parâmetros da gaiola, como o estado do pelo, a pele, o diâmetro da pupila, a cor e a consistência das fezes, o estado dos dentes e a marcha, foram considerados normais, não tendo sido observada qualquer anomalia, como inchaço subcutâneo, distensão abdominal, embotamento ocular, opacidade dos olhos, ptose, humidade ou sujidade do períneo e respiração.

Os resultados do estudo de toxicidade aguda mostraram a natureza não tóxica da lama aquosa da folha, casca e flores de *Butea monosperma* (Lamk.) Taub. na dose dada de 2,0g/kg de peso corporal, mostrando que as partes da planta podem ser utilizadas para análise posterior no estudo antidiabético.

- ## Atividade antidiabética

A diabetes mellitus é uma síndrome clínica caracterizada por uma hiperglicemia inadequada causada por uma deficiência relativa ou absoluta de insulina ou por uma resistência à ação da insulina a nível celular. É a doença endócrina mais comum, afectando 16 milhões de indivíduos nos Estados Unidos e cerca de 200 milhões em todo o mundo. A diabetes tem sido um modelo clínico para a medicina geral. O defeito primário no metabolismo do combustível resulta em complicações generalizadas e multiorgânicas que, em última análise, abrangem praticamente todos os sistemas do corpo e todas as especialidades da medicina. Tem-se dito que conhecer a diabetes é conhecer a medicina e os cuidados de saúde. Embora, de um ponto de vista clínico, isto possa ser verdade, o nosso conhecimento crescente da fisiopatologia da síndrome, juntamente com os mecanismos das complicações a longo prazo, colocou a investigação da diabetes na fronteira da imunologia e da biologia molecular (Joshu, 1991).

Classificação da diabetes

A diabetes de tipo I (diabetes insulino-dependente), prevalece em 10% dos doentes diabéticos, a destruição das células B dos ilhéus conduz normalmente a uma deficiência absoluta de insulina. Os doentes dependem completamente da insulina exógena para evitar a cetose e, assim, preservar a vida (Jarald *et al.*, 2008).

A diabetes tipo 2 (diabetes não insulino-dependente) é responsável por mais de 85% dos casos em todo o mundo. Trata-se de um tipo heterogéneo, que varia entre a resistência à insulina e a deficiência de insulina (Lokesh e Amit, 2006; Yarborough e Rodgers, 2001). Também a diabetes tipo II (T2D) é uma doença multifatorial com uma componente genética e componentes não genéticos importantes (Torben, 2002).

Observações na gaiola de ratinhos num estudo de toxicidade aguda

Parâmetros	**Observações**
Estado do pelo	Normal
Pele	Normal
Inchaço subcutâneo	Nulo
Distensão abdominal	Nulo
Opacidade dos olhos	Nulo
Opacidade dos olhos	Nulo
Diâmetro da pupila	Normal
Ptose	Nulo
Cor e consistência das fezes	Normal
Humidade ou sujidade do períneo	Nulo
Estado dos dentes	Normal
Anomalias respiratórias	Nulo
Marcha	Normal

Tóxico utilizado

A estreptozotocina (STZ) é um derivado sintético de nitrosoureido glucopiranose isolado de fermentações de *Streptomyces acheomogenes*, que é classicamente um antibiótico antitumoral e está quimicamente relacionado com outras nitrosureias utilizadas na quimioterapia do cancro. Os pós estéreis de estreptozotocina são fornecidos e preparados como agente de quimioterapia (Etuk, 2010). A estreptozotocina (STZ; *N-nitro* derivado da glucosamina) é um antibiótico de largo espetro e um produto químico citotóxico que ocorre naturalmente e é particularmente tóxico para as células beta pancreáticas, produtoras de insulina, nos mamíferos. A indução de diabetes experimental no rato com estreptozotocina é muito cómoda e simples de utilizar. A injeção de estreptozotocina leva à degeneração das células beta das ilhotas de Langerhans (Abeeleh *et al.*, 2009).

A diabetes é uma doença crónica que afecta cerca de 2-3% da população mundial. Infelizmente, após a introdução da sulfonilureia e da metformina há cerca de 50 anos, não se conseguiu obter nenhuma pista importante para encontrar um medicamento adequado para a diabetes. Os materiais vegetais que estão a ser utilizados como medicina tradicional para o tratamento da diabetes são considerados uma das boas fontes de um novo medicamento ou de uma pista para o fabrico de um novo medicamento. Em muitos países, especialmente nos países do terceiro mundo, os extractos de plantas ou diferentes preparações vegetais populares são prescritos pelos médicos tradicionais e também aceites pelos utilizadores para o tratamento da diabetes, tal como para qualquer outra doença. Atualmente, mais de 400 plantas estão a ser utilizadas em diferentes formas para efeitos hipoglicémicos. Todas as alegações dos profissionais ou utilizadores não são infundadas nem estão absolutamente comprovadas cientificamente. Por conseguinte, é necessária uma avaliação científica adequada e um rastreio das plantas através de testes farmacológicos seguidos de investigações químicas (Wadkar *et al.*, 2008). No tratamento ayurvédico, os medicamentos consistem em produtos vegetais, quer isoladamente quer em combinação com outros, que são considerados menos tóxicos e isentos de efeitos secundários em comparação com os medicamentos sintéticos (Resmi, 2001). Nos sistemas tradicionais, várias plantas têm sido utilizadas pela sua atividade hipoglicemiante, como a Karela (*Momordica charantia*), Jambul (*Syzigium cumini*), Feno-grego (*Trigonella foenum-gracecum*), Gudmar (*Gymnema sylvestre*), Ácidos gimnémicos, guarmarina em *Gymnema sylvestre* mostram atividade antidiabética (Kokate *et al.*, 2001).

Estudos de eficácia

A eficácia das terapêuticas antidiabéticas tradicionais pode ser avaliada utilizando modelos animais de diabetes e existem numerosos modelos, cada um com as suas próprias vantagens (e, por sua vez, desvantagens). No entanto, nenhum modelo animal é inteiramente típico da diabetes no homem, pelo que é importante considerar as lições aprendidas a partir de uma série de modelos animais que se assemelham a vários aspectos da doença humana. Os modelos animais de diabetes podem ser convenientemente divididos entre os que são induzidos experimentalmente (produzidos por redução cirúrgica ou química da massa de células B pancreáticas) e os que ocorrem espontaneamente. Até à data, a grande maioria dos estudos sobre tratamentos tradicionais com plantas para a diabetes baseou-se fortemente em modelos diabéticos induzidos experimentalmente (em particular, utilizando a STZ como toxina química escolhida para as células B). A ação citotóxica do aloxano e da STZ, estes agentes diabetogénicos, é mediada por espécies reactivas de oxigénio. No entanto, o mecanismo da sua ação é diferente no caso do aloxano e da estreptozotocina.

A aprovação do protocolo (PB101006-02) foi obtida junto do Comité Institucional de Revisao da Ética Animal do Ramnarain Ruia College, Matunga, Mumbai e o estudo foi realizado de acordo com as diretrizes do Comité para efeitos de Controlo e Supervisão de Experiências em Animais (CPCSEA) para a utilização e tratamento de animais experimentais.

No presente trabalho de investigação, foi utilizado um modelo diabético induzido por estreptozotocina (0,05 g/kg de peso corporal) para estudar a atividade hipoglicémica da *Butea monosperma* (Lamk.) Taub. a uma dose (0,3 g/kg de peso corporal). A dose final para o estudo foi decidida com base no estudo preliminar de toxicidade e resposta à dose e esta atividade foi comparada utilizando o medicamento de referência Glibenclamida (GBC) na dose (0,0005g/kg de peso corporal).

Materiais e métodos Material vegetal

Foi utilizada no estudo uma pasta aquosa de pó seco de folha, casca e flores de *Butea monosperma* (Lamk.) Taub.

Animais de teste

Os ratos albinos Wistar (fêmeas) com um peso corporal entre 150 e 200 g foram adquiridos à Bharat Serum Limited, Thane.

Manutenção dos animais

Os animais foram alojados em gaiolas de poliuretano e as gaiolas foram equipadas com cama de casca de arroz e limpas diariamente.

Os animais foram aclimatados durante 7 dias e receberam água potável *ad libitum*. A sala dos animais foi mantida a uma temperatura ambiente de 30 a 32°C e a uma humidade relativa de 60 a 70%. A taxa de troca de ar é contínua, através de um sistema de entrada de ar fresco e de saída de ar viciado. A iluminação é controlada por um interrutor horário para proporcionar ciclos contínuos de 12 horas de luz e 12 horas de escuridão. Os animais recebem água potável *ad libitum* e são alimentados com ração para ratos disponível no mercado, fornecida pela Amrut feed.

PROTOCOLO DE ESTUDO DE EFICÁCIA

Modelo animal Ratos albinos Wistar

Sexo : Feminino

Peso dos animais Entre 150-200g Número de grupos de dose : Seis

Animais por grupo Seis Dose de estreptozotocina : 50mg/kg

Via de administração da estreptozotocina : Administração I.P. (Intra peritoneu)

Veículo da estreptozotocina: administração

Tampão citrato 0,1 M pH 4,5 para injeção.

Volume do veículo para 0,2 ml por animal. Estreptozotocina

Via do medicamento Administração oral

Volume da dose : 2,0 ml por animal. Veículo para dose oral : Água destilada

Volume de sangue a ser 0,2 ml em cada ponto de amostragem.

Amostra de ensaio : Pasta aquosa de *Butea monosperma* (Lamk.) Taub. folha, casca e flores

Duração do estudo : Aclimatação durante 14 dias antes de

e um período de observação de 14 dias após a administração de estreptozotocina i.p.

Parâmetros de avaliação:

Estimativa da glicose plasmática, proteínas, colesterol, ureia sanguínea, glicogénio hepático.

Preparação de STZ para indução de diabetes

A STZ pura tem um pH alcalino. A STZ foi dissolvida no interior do frasco em água destilada; o pH da solução no interior do frasco era de 4,2-4,5 devido ao tampão de citrato de sódio. Este material foi conservado numa câmara frigorífica e num frigorífico a 2-8°C, ao abrigo da luz (Akbarzadeh *et al.,* 2007). Esta solução foi preparada imediatamente antes da administração intraperitoneal (i.p.).

Indução da diabetes

A diabetes foi induzida por uma única injeção intraperitoneal (i.p.) de STZ recentemente preparada (0,05 g/kg de peso corporal) em ratos em jejum durante a noite. Todos os animais foram mantidos durante as 24 horas seguintes em solução de glucose a 5% nas suas gaiolas para evitar a hipoglicemia (Etuk, 2010 e Jayasri *et al*., 2008). Após 72 horas de administração de STZ, foram colhidas amostras de sangue do plexo retro-orbital (ROP) para determinar a indução de diabetes (Jain *et al*., 2006). Os animais com um nível de glicose no sangue superior a 250 mg/dl foram selecionados para estudo posterior (Tantawy e Hassanin, 2007). A alimentação foi suspensa e a água foi mantida durante 2 horas antes da administração oral do fármaco e 6 horas depois, até ao último ponto de amostragem.

Conceção experimental

Seguem-se os diferentes grupos utilizados no estudo.

- **Grupo 1**: Controlo normal

2 ml de água destilada recebidos diariamente durante 14 dias.

- **Grupo 2**: Controlo com estreptozotocina (diabético) 2 ml de água destilada recebidos diariamente durante 14 dias.

- **Grupo 3**: Ratos tratados com glibenclamida

Foi administrado GBC (500^g/kg de peso corporal em 2ml de água destilada) diariamente durante 14 dias.

- **Grupo 4**: Grupo tratado com folhas de Butea *monosperma* (Lamk.) Taub. Foi administrado um chorume aquoso de folhas de *Butea monosperma* (Lamk.) Taub.

peso em 2 ml de água destilada) diariamente durante 14 dias.

- **Grupo 5**: Grupo tratado com a casca de *Butea monosperma* (Lamk.) Taub. Foi administrada uma pasta aquosa da casca de *Butea monosperma* (Lamk.) Taub. (300mg/kg de peso corporal em 2ml de água destilada) diariamente durante 14 dias.
- **Grupo 6**: Grupo tratado com flores de *Butea monosperma* (Lamk.) Taub. Foi administrada uma pasta aquosa de flores *de Butea monosperma* (Lamk.) Taub. (300mg/kg de peso corporal em 2ml de água destilada) diariamente durante 14 dias.

Colheita de sangue

O sangue foi colhido do plexo retro-orbital (ROP) em tubos eppendorf heparinizados. As amostras de sangue foram recolhidas às 0,0 horas, 0,5 horas, 1,0 horas, 2,0 horas, 4,0 horas, 6,0 horas, 1st dia, 7th dia, 10th dia e 15th dia. As amostras de sangue foram imediatamente centrifugadas e o plasma claro foi separado. O plasma assim obtido foi posteriormente analisado quanto à glucose

Materiais utilizados para a estimativa dos parâmetros bioquímicos

- Micropipeta (100Щ e 1000ц1)
- Micropontas pequenas (100Щ e 1000 ц!)
- Balão volumétrico
- Tubos de ensaio
- Espectrofotómetro Jasco V-530
- Cuvete de quartzo
- Centrifugadora
- Forno
- Balança de pesagem

Regime de tratamento para os vários grupos de animais em estudo

	Grupo 1	Grupo 2	Grupo 3	Grupo 4	Grupo 5	Grupo 6
Dias	**Controlo normal**	**STZor controlo da diabetes**	**STZ + GBC**	**STZ + *Butea monosperma* (Lamk.) Taub. folha**	**STZ + Casca de *Butea monosperma* (Lamk.) Taub.**	**STZ + Flores de *Butea monosperma* (Lamk.) Taub.**
	Indução da diabetes antes da administração da dose					
Dia 0	Sem tratamento com STZ	Z (50mg /kg de peso corporal) i.p. para induzir diabetes				
	ratos ormais	Após 72 horas de indução de STZ, a diabetes foi confirmada pelos níveis de glucose no plasma. As amostras de sangue foram colhidas às 0,0 horas (imediatamente antes da administração da dose) pela técnica ROP (punção retro-orbitária) e foram selecionados os ratos com níveis de glucose plasmática > 250mg/dl. Todos os ratos diabéticos foram divididos em 4 grupos, 6 ratos por cada grupo				
Dia 1		Após a indução da diabetes, foram administrados tratamentos aos animais diabéticos				
	Dose oral única de água destilada (2,0 ml)	Dose oral única de água destilada (2,0 ml)	Dose oral única de 500hg/kg de peso corporal (2,0ml)	Dose única de 300mg/kg de peso corporal (2,0ml)	Dose única de 300mg/kg de peso corporal (2,0ml)	Dose única de 300mg/kg de peso corporal (2,0ml)

	Monitorização do nível de glucose no plasma (técnica ROP) durante 0,5 horas, 1,0 horas, 2,0 horas, 4,0 horas e 6.0hrs					
Dia 2	Monitorização do nível de glucose no plasma (técnica ROP) para uma amostra de sangue de 24 horas					
	Dose oral única de água destilada (2,0 ml)	Dose oral única de água destilada (2,0 ml)	Dose oral única de 10mg/kg de peso corporal (2,0ml)	Dose única de 300mg/kg de peso corporal (2,0ml)	Dose única de 300mg/kg de peso corporal (2,0ml)	Dose única de 300mg/kg de peso corporal (2,0ml)
Do dia 3 ao dia 6	Dose oral única de água destilada (2,0 ml)	Dose oral única de água destilada (2,0 ml)	Dose oral única de 10mg/kg de peso corporal (2,0ml)	Dose única de 300mg/kg de peso corporal (2,0ml)	Dose única de 300mg/kg de peso corporal (2,0ml)	Dose única de 300mg/kg de peso corporal (2,0ml)
Dia 7	Controlo do nível de glicose no plasma (técnica ROP)					
	Dose oral única de água destilada (2,0 ml)	Dose oral única de água destilada (2,0 ml)	Dose oral única de 10mg/kg de peso corporal (2,0ml)	Dose única de 300mg/kg de peso corporal (2,0ml)	Dose única de 300mg/kg de peso corporal (2,0ml)	Dose única de 300mg/kg de peso corporal (2,0ml)
Dia 10	Controlo do nível de glucose no plasma (técnica ROP)					
y 10 a Dia 14	Dose oral única de água destilada (2,0 ml)	Dose oral única de água destilada (2,0 ml)	Dose oral única de 10mg/kg de peso corporal (2,0ml)	Dose única de 300mg/kg de peso corporal (2,0ml)	Dose única de 300mg/kg de peso corporal (2,0ml)	Dose única de 300mg/kg de peso corporal (2,0ml)
Dia 15	Dose oral única de água destilada (2,0 ml)	Dose oral única de água destilada (2,0 ml)	Dose oral única de 10mg/kg de peso corporal (2,0ml)	Dose única de 300mg/kg de peso corporal (2,0ml)	Dose única de 300mg/kg de peso corporal (2,0ml)	Dose única de 300mg/kg de peso corporal (2,0ml)
	Controlo do nível de glicose no plasma (técnica ROP) e outros parâmetros bioquímicos: proteínas totais, ureia, colesterol total					
	Escarificado e fígado removido para a estimativa do glicogénio hepático					

Estimativa dos parâmetros bioquímicos

1. Estimativa da glicose (Trinder, 1969)

A glucose no sangue foi estimada por GOD-POD utilizando o kit de estimativa de glucose Eco-Pak.

Princípio

A glicose oxidase (GOD) oxida a glicose em ácido glucónico e peróxido de hidrogénio. Na presença da enzima peroxidase, o peróxido de hidrogénio libertado é acoplado ao fenol e à 4-aminoantipirina (4-APP) para formar um corante quinoneimina colorido. A absorvância (O.D.) do corante cor-de-rosa é medida a 505 nm e é diretamente proporcional à concentração de glucose na amostra.

$$\text{Glucose} + O_2 + H_2O \xrightarrow{\text{Glucose Oxidase}} \text{Gluconic acid} + H_2O_2$$

$$H_2O_2 + \text{Phenol} + \text{4-APP} \xrightarrow{\text{Peroxidase}} \text{Quinoneimine dye} + H_2O$$

Reagentes

A. Reagente de glucose - Tampão fosfato (100mM/l); glucose oxidase (> 15000U/1); peroxidase (> 1600U/1); 4-APP (0,28Mm/l) e estabilizadores.

B. Diluentes de glicose - Fenol (10mM/l) e conservante.

C. Padrão de glicose - Dextrose (100mg/dl) e conservante.

D. Água purificada.

Preparação

Num balão volumétrico de 100 ml, foram colocados 100 ml de tampão e de reagente de glucose, misturados até à dissolução completa e mantidos à temperatura ambiente de 28±2°C durante 30 minutos. O conteúdo foi transferido para um frasco de reagente e armazenado a 2-8°C.

Procedimento

Os tubos de ensaio foram rotulados como Branco (B), Padrão (S) e Teste (T). Foram adicionados 2,0 ml de reagente de trabalho a cada um dos tubos, 0,2 ml de padrão de glucose ao tubo S e 0,2 ml de amostra de teste ao tubo T. O conteúdo de cada tubo foi bem misturado e incubado a 37°C durante 15 minutos. A solução tornou-se rosa claro a rosa escuro (a intensidade da cor depende da concentração de glucose). A absorvância do padrão e das amostras de teste foi medida a 505nm contra o branco, no espaço de 2 horas, sem expor os tubos à luz solar direta.

Cálculo

$$\text{Serum glucose (mg/dl)} = \frac{\text{Absorbance of sample}}{\text{Absorbance of standard}} \times 10$$

2. **Estimativa do colesterol** (Wybenga *et al.*, 1970)

O colesterol total no plasma foi estimado pelo método do ponto final utilizando o kit BioLab Diagnostics (lote n.º 2915 T).

Princípio

Em meio ácido quente, o colesterol oxida os iões férricos num complexo de cor castanha que é medido a 530 nm. A intensidade da cor é diretamente proporcional à concentração de colesterol na amostra.

Reagentes

A. Reagente de colesterol (250ml) - Acetato de etilo acético (6,5Mol/l); ácido sulfúrico (3,8mMol/l) e ião férrico (306gMol/l).

B. Colesterol normal (200mg/dl).

C. Água destilada.

Procedimento

Os tubos de ensaio foram rotulados como Branco (B), Padrão (S) e Teste (T). Foram adicionados 5,0 ml de reagente de colesterol em cada um dos tubos B, S e T. Foram adicionados 0,05 ml de padrão de colesterol no tubo S, 0,05 ml de amostra de teste no tubo T e 0,05 ml de água destilada no tubo B. O conteúdo de cada tubo foi misturado cuidadosamente durante 20 segundos e imediatamente mantido num banho de água a ferver durante 90 segundos. Em seguida, os tubos foram arrefecidos à temperatura ambiente em água corrente durante 5 minutos. O desenvolvimento de um complexo de cor castanha depende da concentração de colesterol total. A absorvância do padrão e das amostras de teste foi medida a 530nm em relação ao branco durante 30 minutos.

Cálculo

$$\text{Total Cholesterol (mg/dl)} = \frac{\text{Absorbance of sample}}{\text{Absorbance of standard}} \times 200$$

3. Estimativa das proteínas totais (Vatzidis, 1977)

A proteína total no plasma foi estimada por Biureto Modificado, Ensaio de Ponto Final utilizando o Kit de Estimativa de Proteína Total Autospan Liquid Gold (Lote n.º.
4000002634, Span Diagnostics Ltd.)

Princípio

Forma-se um quelato de cor azul quando as ligações peptídicas das proteínas reagem com iões cúpricos em meio alcalino. A absorvância deste quelato colorido é medida a 578 nm e é proporcional à concentração de proteínas totais na amostra.

Reagentes

A. Reagente de biureto - Sulfato de cobre 7mM/l; NaOH 200mM/l; Sódio potássico
tartarato 20mM/l e tensioativo.

B. Padrão proteico de 6,5g/dl.

Procedimento

Os tubos de ensaio foram rotulados como Branco (B), Padrão (S), Teste (T). Foram adicionados 2,0 ml de reagente de Biureto em cada um dos tubos rotulados como B, S e T. Foram adicionados 0,2 ml de padrão de proteína no tubo S e 0,2 ml da amostra de teste no tubo T. O conteúdo de cada tubo foi bem misturado e incubado a 37°C durante 5 minutos. A intensidade da cor azul das soluções depende da concentração de proteínas. A absorvância do padrão e das amostras de teste foi medida a 578nm contra o branco.

Cálculo

$$\text{Total Protein Conc. (gm/dl)} = \frac{\text{Absorbance of sample}}{\text{Absorbance of standard}} \times 5.5$$

4. Estimativa da ureia (Bousquet *et al.*, 1971)

Princípio

Na presença de iões férricos e em meio ácido quente, a ureia reage com a diacetilmonoxima para produzir um composto de cor rosa. A intensidade desta cor é proporcional à concentração dc urcia. A tiossemicarbazida catalisa esta reação e ajuda a evitar a desproteinização do soro.

Reagentes

A. Reagente ácido (100ml) - Tiosemicarbazida (14mMol/l); Cloreto férrico (55mMol/l); Ácido sulfúrico (3,6Mol/l) e Ácido fosfórico (45mMol/l).

B. Reagente DAM (100ml) - Diacetilmonoxima (66mMol/l).

C. Padrão (5ml) - Ureia (40,00mg/dl) e azoto ureico (18,65mg/dl)

Procedimento

Os tubos de ensaio foram rotulados como branco (B), padrão (S) e teste (T). Adicionou-se a cada tubo 1,5 ml do reagente ácido 1. Adicionou-se 0,02 ml de padrão de ureia ao tubo S e 0,02 ml de amostra de ensaio ao tubo T. O conteúdo de cada um foi bem misturado. Em seguida, adicionou-se 1,5 ml de reagente DAM a cada um dos tubos B, S e T. Todos os tubos foram imediatamente mantidos num banho de água a ferver durante 10 minutos. Em seguida, todos os tubos foram arrefecidos em água corrente da torneira. A solução tornou-se cor-de-rosa (a intensidade da cor depende da concentração de ureia). A absorvância do padrão e das amostras de ensaio foi medida a 540 nm em relação ao branco durante 30 minutos.

Cálculo

$$\text{Urea (mg/dl)} = \frac{\text{Absorbance of sample}}{\text{Absorbance of standard}} \times 40$$

Sacrifício

No final da experiência, foram registados o peso corporal, o consumo de alimentos e de água. As amostras de sangue foram colhidas em frascos limpos e pré-heparinizados. Cada frasco foi etiquetado com o número de identificação correspondente ao animal. Todos os frascos com amostras de sangue foram imediatamente centrifugados a 5000rpm durante 5min e o plasma separado foi armazenado a 4°C. As amostras de sangue foram analisadas no prazo de 8 horas após a colheita para determinação dos parâmetros bioquímicos sanguíneos, como os níveis de glucose, proteínas, colesterol total e ureia. Todos os ensaios enzimáticos foram concluídos primeiro para evitar alterações nos níveis enzimáticos devido ao armazenamento. Os ratos em jejum foram então sacrificados por deslocamento cervical e as amostras de fígado de cada animal foram dissecadas cuidadosamente e lavadas com solução salina a 0,9% para remover o sangue. Os tecidos hepáticos lavados foram secos com papel de filtro para remover a solução salina normal e o excesso de sangue, pesados e utilizados para a estimativa do controlo do glicogénio

5. Estimativa do glicogénio hepático

O teor de glicogénio foi estimado utilizando o Diagnostic Kit (BioLab, Índia)

Reagentes

A. Reagente de trabalho

B. Solução padrão de glucose (1mg/ml)

C. Água destilada gelada.

Preparação de homogenatos de fígado

20,0 ml de água destilada gelada foram adicionados a 1,0 g de tecido hepático num tubo homogeneizador e homogeneizados.

Procedimento

Os tubos de ensaio foram rotulados como Branco (B), Padrão (S) e Teste (T). Foram adicionados 3,0 ml de reagente de trabalho a cada um dos tubos B, S e T. Foram adicionados 0,02 ml de padrão de glucose ao tubo S e 0,02 ml de amostra de homogenato de fígado ao tubo T. O conteúdo de cada tubo foi bem misturado e incubado a 37°C numa estufa durante 15 minutos. A absorvância do padrão e das amostras de teste foi medida a 500nm em relação ao branco.

Cálculo

$$\frac{\text{Liver glycogen}}{\text{(mg/g tissue)}} = \frac{\text{Absorbance of sample}}{\text{Absorbance of standard}} \times 100 \times 1.0 \times 1000$$

Resultados e discussão

O estudo da eficácia prosseguiu durante 15 dias. Durante o estudo, foram registadas observações diárias do lado da gaiola, tais como alterações comportamentais gerais, peso corporal, ingestão de alimentos e água, mortalidade, estado do pelo, inchaço subcutâneo ou nódulos e letargia.

Observou-se que os ratos tratados com STZ no grupo de controlo diabético apresentaram uma diminuição do peso corporal de 179,67±1,86g para 163,00±1,41g.

Os ratos induzidos por diabetes (STZ), quando tratados com uma pasta aquosa da folha de *Butea monosperma* (Lamk.) Taub. apresentaram um aumento do peso corporal de 182,67±2,80g para 196,17±3.06g, de forma semelhante, foi observado um aumento no peso corporal da casca de *Butea monosperma* (Lamk.) Taub. de 178,67±2,16g para 193,00±2,10g e das flores de *Butea monosperma* (Lamk.) Taub. de 179,50±1,87g para 193,17±3,31g. Quando os ratos diabéticos (STZ) foram tratados com GBC, registou-se um aumento do peso corporal de 180,33±1,75g para 196,83±1,94g. Os ratos de controlo normais também apresentaram um aumento do peso corporal de 182,17±1,72g para 195,83±1,72g.

A ingestão de alimentos e água em todos os grupos diabéticos mostrou um aumento, exceto no grupo de controlo normal durante o estudo.

Níveis de glicose no plasma

Após três dias de administração de uma dose única i.p. de estreptozotocina, os níveis de glucose no plasma de todos os animais do grupo em diferentes pontos de amostragem (0,0 h, 0,5 h, 1,0 h, 2,0 h, 4,0 h, 6,0 h e 24,0 h, 7th dia, 10th dia, 15th dia).

Os pormenores dos grupos são os seguintes:

Grupo 1 : Controlo normal

Grupo 2: Controlo com estreptozotocina (diabético)

Grupo 3: Estreptozotocina + Glibenclamida (medicamento de referência) Grupo 4: Estreptozotocina + folha de *Butea monosperma* (Lamk.) Taub. Grupo 5: Estreptozotocina + casca de *Butea monosperma* (Lamk.) Taub.

Grupo 6 : Estreptozotocina + flores de *Butea monosperma* (Lamk.) Taub.

Os níveis de glicose no plasma foram estimados em duas secções

Secção 1: das 0,0 horas iniciais às 24,0 horas

Secção 2: De 7th dia a 15th dia

Os níveis de glucose plasmática da Secção 2 foram comparados com os pontos de amostragem das 0.0 e 24.0 horas. O efeito de cada grupo de tratamento foi avaliado utilizando o **teste t** de Student. O nível de significância escolhido foi o nível tradicional de 5%.

Secção 1

No grupo de controlo normal, os níveis médios de glucose plasmática obtidos às 0,0 horas, 0,5 horas, 1,0 horas, 2,0 horas, 4,0 horas, 6,0 horas e 24,0 horas foram quase semelhantes em todos os pontos de amostragem. Observou-se que o nível de glucose plasmática era de 90,83 ± 5,98 mg/dl às 0 horas e de 92,50 ± 6,83 mg/dl às 24 horas.

No grupo de controlo de STZ (diabético), os níveis médios de glucose plasmática obtidos às 0,0 horas, 0,5 horas, 1,0 horas, 2,0 horas, 4,0 horas, 6,0 horas e 24,0 horas mostraram uma indução estável de diabetes nos ratos. Observou-se que o nível de glucose plasmática era de 299,33 ± 18,52 mg/dl às 0 horas e de 285,67 ± 29,45 mg/dl às 24 horas.

Após a indução de diabetes com STZ, os ratos foram tratados com Glibenclamida (GBC). Os níveis médios de glucose plasmática obtidos para o grupo tratado com GBC às 0,0 horas foram de 302,50±5,68 mg/dl, tendo-se reduzido para 287,67±12,89 mg/dl às 24,0 horas.

Após a indução de diabetes com STZ, os ratos foram tratados com a administração de uma dose única de chorume aquoso de folhas de *Butea monosperma* (Lamk.) Taub. Foi observada uma redução dos níveis médios de glucose no plasma às 0,0 horas, de 286,83±19,80 mg/dl para 262,33±34,92 mg/dl às 24,0 horas.

Após a indução de diabetes com STZ, os ratos foram tratados com a administração de uma dose única de pasta aquosa da casca de *Butea monosperma* (Lamk.) Taub. Foi observada uma redução nos níveis médios de glucose plasmática às 0,0 horas 309,00±19,74mg/dl para 275,17±19,33mg/dl às 24,0 horas.

Após a indução de diabetes com STZ, os ratos foram tratados com a administração de uma dose única de chorume aquoso de flores de *Butea monosperma* (Lamk.) Taub. Foi observada uma redução nos níveis médios de glucose plasmática às 0.0

horas 305.83±14.78mg/dl para 276.67±18.30mg/dl às 24.0 horas.

O nível médio de glucose no plasma de todos os grupos foi comparado em todos os pontos de amostragem.

Análise estatística dos resultados

Os níveis mínimos de glucose plasmática de cada grupo foram comparados com as observações de 0.0 e 24.0 horas do seu grupo e são representados como significância estatística.

- No grupo de controlo normal, o nível mínimo de glucose plasmática foi encontrado às 4 horas e não mostrou significado estatístico com o nível de glucose plasmática das 0 horas e das 24 horas, indicando um nível estável de glucose plasmática em todos os animais.
- No grupo tratado com GBC, o nível mínimo de glucose plasmática às 4 horas foi significativo em relação ao nível de glucose plasmática às 0 horas e às 24 horas.
- No grupo tratado com folhas de *Butea monosperma* (Lamk.) Taub., o nível mínimo de glucose no plasma foi encontrado às 2.0 horas e foi significativo em relação às 0.0 horas e não significativo em relação ao nível de glucose no plasma às 24.0 horas.
- No grupo tratado com a casca de *Butea monosperma* (Lamk.) Taub. foi encontrado um nível mínimo de glucose no plasma à 1 hora. Este valor foi significativo em relação ao nível de glucose no plasma às 0 horas e às 24 horas.
- No grupo tratado com flores de *Butea monosperma* (Lamk.) Taub. foi encontrado um nível mínimo de glucose no plasma às 2 horas. Verificou-se que este valor era significativo com o nível de glucose no plasma às 0 horas e às 24 horas.

O efeito de diferentes tratamentos da folha, casca e flores de *Butea monosperma* (Lamk.) Taub. em ratos induzidos por STZ foi comparado com o grupo de controlo diabético. Os pormenores são os seguintes:

- Quando o grupo de controlo diabético (STZ) foi comparado com o grupo de controlo normal, o nível de glucose no plasma foi altamente significativo até às 24 horas, o que indicou uma indução bem sucedida de diabetes com o tratamento com STZ.
- Quando o grupo de controlo diabético (STZ) foi comparado com o grupo tratado com folha, casca e flores de *Butea monosperma* (Lamk.) Taub. o nível de glucose no plasma foi altamente significativo às 0,5 horas, 1,0 horas, 2,0 horas e 4,0 horas, mas não significativo às 0,0 horas, 6,0 horas e 24,0 horas.

Secção 2

Após a administração diária de GBC e de uma pasta aquosa de folhas, cascas e flores de *Butea monosperma* (Lamk.) Taub., foram estudados os níveis de glucose no plasma entre 7th e 14th dias e calculadas as alterações glicémicas percentuais. A glicose plasmática média de 0.0hr e 24.0hrs foi comparada com 7th dia, 10th dia e 15th dia. A estimativa dos parâmetros bioquímicos (proteína plasmática, ureia no sangue, colesterol total e glicogénio hepático) foi efectuada no final do estudo, ou seja, no 15º diath.

Níveis de glicose no plasma

- Após 14 dias, no grupo de controlo normal, o nível médio de glucose no plasma era de 100,50±10,52 mg/dl, quase igual ao da observação inicial de 0,0 horas, 90,83±5,98 mg/dl, o que indica condições estáveis.
- No grupo diabético, os ratos encontravam-se em estado diabético elevado, com um nível médio de glucose no plasma de 306,33±15,02mg/dl, 14 dias após a indução da diabetes com STZ.
- Os ratos induzidos por STZ, quando tratados com GBC, mostraram uma redução no plasma médio
de glicose de 302,50±5,68mg/dl às 0,0h para 249,83±24,09mg/dl no 15º diath.
- Os ratos induzidos por STZ quando tratados com a folha de *Butea monosperma* (Lamk.) Taub. mostraram uma redução no nível médio de glucose no plasma de 286,83±19,80mg/dl às 0,0 horas para 234,00±31,83mg/dl no 15º diath.
- Os ratos induzidos por STZ quando tratados com a casca de *Butea monosperma* (Lamk.) Taub. mostraram uma redução no nível médio de glucose plasmática de 309,00±19,74mg/dl às 0,0 horas para 235,00±27,28mg/dl no 15º diath
.
- Os ratos induzidos por STZ quando tratados com flores de *Butea monosperma* (Lamk.) Taub. mostraram uma redução no nível médio de glucose plasmática de 305,83±14,78mg/dl às 0,0 horas para 203,33±4,59mg/dl no 15º diath.

Análise estatística dos resultados

Os níveis de glucose plasmática para os vários grupos tratados foram comparados estatisticamente com as 0.0 e 24.0 horas do mesmo grupo e com o nível correspondente do grupo de controlo diabético.

- No grupo de controlo normal, o nível médio de glucose plasmática de 0,0 horas e 24,0 horas não mostrou qualquer significado com o nível de glucose plasmática de 7th dia, 10th dia e 15th dia.
- No grupo tratado com GBC, verificou-se uma redução significativa do nível de glucose plasmática em 10th dia e 15th dia e não se verificou qualquer significado em 7th dia quando comparado com 0,0 horas e verificou-se uma redução significativa do nível de glucose plasmática em 15th dia mas não se verificou qualquer significado em 7th e 10th dia com 24,0 horas.
- Os grupos tratados com folhas de *Butea monosperma* (Lamk.) Taub. mostraram uma redução significativa no nível de glucose plasmática em 7th dia, 10th dia e 15th dia quando comparados com 0.0 horas e não mostraram qualquer significado em 7th dia, 10th dia, 15th dia quando comparados com 24.0 horas.
- Os grupos tratados com casca de *Butea monosperma* (Lamk.) Taub. apresentaram uma redução significativa do nível de glucose no plasma aos 7th dias, 10th dias e 15th dias, quando comparados com 0,0 horas, e apresentaram significância aos 15th dias, quando comparados com 24,0 horas, mas não apresentaram significância quando comparados com 24,0 horas, com 7th dias e

10th dia.

- Os grupos tratados com flores de *Butea monosperma* (Lamk.) Taub. apresentaram uma redução significativa do nível de glucose no plasma nos dias 7th , 10th e 15th , em comparação com os dias 0 e 24

Os resultados mostraram que os grupos tratados com folhas, cascas e flores de *Butea monosperma* (Lamk.) Taub. foram altamente significativos quando comparados com os grupos de controlo diabético e são comparáveis aos dos grupos tratados com GBC, o que sugere que as folhas, cascas e flores de *Butea monosperma* (Lamk.) Taub. tiveram um bom efeito hipoglicémico após 14 dias de tratamento. Os parâmetros bioquímicos, como as proteínas plasmáticas, a ureia sanguínea, o colesterol total e o glicogénio hepático foram estimados em todos os grupos.

Parâmetros bioquímicos Glicogénio hepático (mg/dl)

Verificou-se que o intervalo normal de glicogénio hepático era de 20-30 mg/dl. O valor do glicogénio hepático dos ratos de controlo normais foi de 29,98±1,28 mg/dl, enquanto o dos ratos diabéticos foi de 27,58±1,50 mg/dl e o do grupo de ratos tratados com glibenclamida foi de 38,58±1,41 mg/dl. Nos ratos tratados com folha de *Butea monosperma* (Lamk.) Taub. foi de 30,83±0,75mg/dl. Nos ratos tratados com casca de Butea monosperma (Lamk.) Taub. foi de 31,50±2,43mg/dl e nos ratos tratados com flores de *Butea monosperma* (Lamk.) Taub. foi de 35,00±1,30mg/dl.

Percentagem de redução dos níveis plasmáticos de glucose (mg/dl) nos ratos tratados de todos os grupos a partir das 24 horas, 7th dia, 10th dia e 15th dia

Grupos	24.0hrs	7th dia	10th dia	15th dia
GBC	4.90	1.82	8.49	17.41
L	8.54	12.20	15.86	18.42
B	10.95	14.89	19.31	23.95
F	9.53	22.78	29.43	33.52

Percentagem de redução dos níveis de glucose no plasma (mg/dl) de ratos tratados com uma pasta aquosa de GBC e partes de plantas

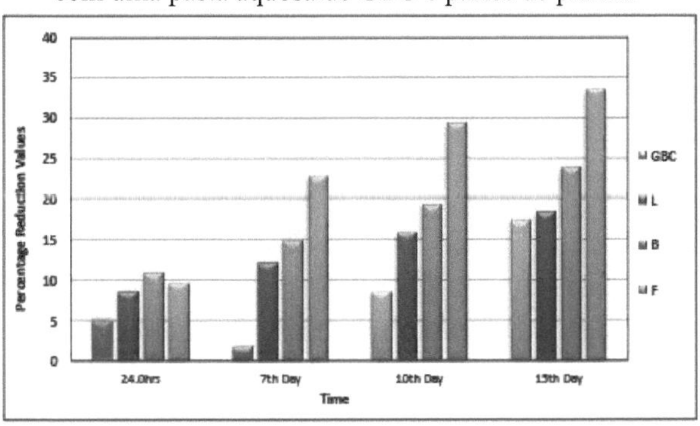

Palavras-chave: GBC - Grupo tratado com GBC, L - Grupo tratado com folhas, B - Grupo

tratado com casca, F - Grupo tratado com flores

Proteína plasmática (mg/dl)

O nível de proteína plasmática situou-se entre 6,00 e 7,50 mg/dl em ratos normais. O valor da proteína plasmática dos ratos de controlo normais foi de 6,67±0,14mg/dl, enquanto o dos ratos diabéticos foi de 8,12±0,61mg/dl, no grupo de ratos tratados com glibenclamida foi de 6,82±0,11mg/dl. Nos ratos tratados com folha de *Butea monosperma* (Lamk.) Taub. foi de 7,35±0,22mg/dl. Nos ratos tratados com casca de Butea monosperma (Lamk.) Taub. foi de 7,32±0,15mg/dl e nos ratos tratados com flores de *Butea monosperma* (Lamk.) Taub. foi de 6,90±0,14mg/dl.

Ureia (mg/dl)

O nível de ureia situava-se entre 10,00 e 20,00 mg/dl em ratos normais. O valor de ureia dos ratos de controlo normais foi de 14,57±3,18mg/dl, enquanto o dos ratos diabéticos foi de 44,50±2,83mg/dl, no grupo de ratos tratados com Glibenclamida foi de 25,92±2,84mg/dl. Nos ratos tratados com folha de *Butea monosperma* (Lamk.) Taub. foi de 32,75±1,41mg/dl. Nos ratos tratados com casca de Butea monosperma (Lamk.) Taub. foi de 35,28±3,06mg/dl e nos ratos tratados com flores de *Butea monosperma* (Lamk.) Taub. foi de 35,32±3,89mg/dl.

Colesterol total (mg/dl)

O nível de colesterol total situou-se entre 95,00-110,00mg/dl em ratos normais. O valor do colesterol total dos ratos de controlo normais foi de 100,67±2,84 mg/dl, enquanto o dos ratos diabéticos foi de 280,46±2,28 mg/dl e o dos ratos tratados com glibenclamida foi de 182,12±0,24 mg/dl. Nos ratos tratados com folha de *Butea monosperma* (Lamk.) Taub. foi de 132,50±0,71mg/dl. Nos ratos tratados com casca de Butea monosperma (Lamk.) Taub. foi de 123,75±0,72mg/dl e nos ratos tratados com flores de *Butea monosperma* (Lamk.) Taub. foi de 125,67±2,47mg/dl.

A pasta aquosa da folha, casca e flores de *Butea monosperma* (Lamk.) Taub. mostrou uma atividade anti-hiperglicémica significativa em ratos diabéticos induzidos por estreptozotocina (STZ). O mecanismo fundamental subjacente à hiperglicemia na diabetes mellitus envolve a produção excessiva e a diminuição da utilização de glucose pelos tecidos (Latner *et al.*, 1998).

A STZ induz a diabetes através da geração de radicais livres nas células beta secretoras de insulina das ilhotas de Langerhans, resultando numa diminuição da libertação endógena de insulina (Are *et al.*, 2011).

No presente estudo, os ratos diabéticos induzidos por STZ foram tratados com uma pasta aquosa de folhas, cascas e flores de *Butea monosperma* (Lamk.) Taub. para determinar a sua atividade anti-hiperglicémica. Foi observada uma redução do nível de glucose no sangue após 14 dias de administração de uma pasta aquosa de folhas, cascas e flores de *Butea monosperma* (Lamk.) Taub. em ratos diabéticos induzidos por STZ. Quando os ratos induzidos por estreptozotocina foram tratados com extrato metanólico de *Lippia nodiflora* L., verificou-se uma redução de 30,88% no nível de glicose no sangue após 14 dias de tratamento (Balamurugan e Ignacimuthu, 2011). Da mesma forma, quando ratos induzidos por estreptozotocina tratados com *Glochidion veluntinum* mostraram uma redução de 31,90% no nível de glicose no sangue após 14 dias de tratamento (Are *et al.*, 2011), a atividade do extrato aquoso da casca do caule de *Strychnos henningsii* Gilg em ratos induzidos por estreptozotocina mostrou uma redução de 35,02% no nível de glicose no sangue (Oyedemi *et al*, 2012) e a atividade do extrato de casca e folha de *Caralluma edulis* em ratos induzidos por estreptozotocina mostrou uma redução de 19,75% com o extrato de folha e uma redução de 25,90% com o extrato de casca no nível de glicose no sangue (Ray e Sharma, 2012). O chorume aquoso da folha, da casca e das flores de *Butea monosperma* (Lamk.) Taub. mostrou um efeito semelhante, o chorume aquoso da folha de *Butea monosperma* (Lamk.) Taub. mostrou uma redução de 18,42% no nível de glucose no sangue, o chorume aquoso da casca de *Butea monosperma* (Lamk.) Taub. mostrou uma redução de 23,95% no nível de glucose no sangue e o chorume aquoso das flores de *Butea monosperma* (Lamk.) Taub. mostrou uma redução de 33,52% nos parâmetros bioquímicos do sangue no animal experimental após 14 dias de tratamento

Parâmetros	**N**	**STZ**	**GBC**	**L**	**B**	**F**
Glicogénio hepático (mg/g)	29.98 ±1.28*	27.58 ±1.50	38.58 ±1.41*	30.83 ±0.75*	31.50 ±2.43*	35.00 ±1.30*
Proteína plasmática (mg/dl)	6.67 ±0.14*	8.12 ±0.61	6.82 ±0.11*	7.35 ±0.22*	7.32 ±0.15*	6.90 ±0.14*
Ureia (mg/dl)	14.57 ±3.18*	44.50 ±2.83	25.92 ±2.84*	32.75 ±1.41*	35.28 ±3.06*	35.32 ±3.89*
Colesterol total (mg/dl)	100.67 ±2.84*	280.46 ±2.28	182.12 ±0.24*	132.50 ±0.71*	123.75 ±0.72*	125.67 ±2.47*

Os valores são a Média ± S.D. de seis determinantes "*" - Valores significativos

Palavras-chave: N - Grupo de controlo normal, STZ - Grupo de controlo STZ, GBC - Grupo tratado com GBC, L - Grupo tratado com folhas, B - Grupo tratado com casca, F - Grupo tratado com flores nível de glicose. O tratamento com flores de *Butea monosperma* (Lamk.) Taub. mostrou a redução mais significativa do nível de glucose no sangue em ratos induzidos por estreptozotocina, em comparação com a folha e a casca de *Butea monosperma* (Lamk.) Taub.

A diabetes mellitus é uma das doenças crónicas mais comuns e está associada à hipercolesterolemia e a co-morbilidades como a obesidade e a hipertensão (Bierman *et al.*, 1975). No presente estudo, a folha, a casca e as flores de *Butea monosperma* (Lamk.) Taub. mostraram uma redução significativa do colesterol total e da ureia em comparação com o grupo de controlo STZ. Foi observado um efeito semelhante em *Euphorbia hirta* Linn. (Kumar *et al.*, 2010), no extrato aquoso de *Cynodon dactylon* Pers. (Jarald *et al.*, 2008), no extrato aquoso de folhas de *Costus pictus* (Jayasri *et al.*, 2008) e no extrato alcoólico de *Tribulus atatus* (Tantawy e Hassanin, 2007). As partes de plantas de *Butea monosperma* (Lamk.)

Taub. mostraram um aumento do glicogénio hepático quando comparadas com o grupo de controlo de STZ, tendo sido observado um efeito semelhante no extrato metanólico de *Lippia nodiflora* L. e no extrato aquoso de folhas de *Basella rubra* (Nirmala *et al.*, 2011).

Em geral, existe muito pouco conhecimento biológico sobre os modos de ação específicos das drogas vegetais no tratamento da diabetes, mas descobriu-se que a maioria das plantas contém substâncias como glicosídeos, alcalóides, saponinas, terpenóides, flavonóides, fenóis, etc., que são frequentemente implicados como tendo efeitos antidiabéticos (Loew e Kaszkin, 2002). *A Butea monosperma* (Lamk.) Taub. também contém flavonóides, saponinas e fenóis que podem ter resultado na atividade hipoglicémica observada.

No presente estudo, os resultados obtidos para os estudos de eficácia mostraram que a pasta aquosa da folha, da casca e das flores de *Butea monosperma* (Lamk.) Taub. foram eficazes no controlo do nível de glucose no plasma, mostrando uma boa propriedade hipoglicémica. O efeito das flores de *Butea monosperma* (Lamk.) Taub. foi o melhor. Pode concluir-se que *Butea monosperma* (Lamk.) Taub. pode ser útil no tratamento da diabetes mellitus sem sinais visíveis de toxicidade, indicando uma elevada margem de segurança. As partes da planta (folha, casca e flores) de *Butea monosperma* (Lamk.) Taub. apresentaram uma atividade anti-hiperglicémica comparável à do medicamento padrão Glibenclamida.

Capítulo 6

Atividade Antioxidante

ACTIVIDADE ANTIOXIDANTE

Os compostos naturais, especialmente os derivados de fontes alimentares, fornecem um grande número de antioxidantes e algumas bebidas, como o chá, são também uma fonte rica em antioxidantes. Para além das fontes alimentares, as plantas medicinais indianas também fornecem antioxidantes. Os antioxidantes são substâncias que neutralizam os radicais livres ou a sua ação em diferentes fases (Sies, 1996). Actuam ao nível da prevenção, interceção e reparação. Os antioxidantes preventivos tentam impedir a formação de espécies reactivas de oxigénio (ROS). Incluem a superóxido dismutase (SOD) que catalisa a dismutação do superóxido em peróxido de hidrogénio e a catalase que o decompõe em água (Cadenas e Packer, 1996). A interceção dos radicais livres faz-se principalmente através da eliminação de radicais, enquanto que, a nível secundário, a eliminação de antioxidantes lipossolúveis eficazes funciona como "quebra-cadeias" durante a peroxidação lipídica nas membranas celulares e em várias partículas lipídicas, incluindo as LDL (Kagan *et al.*, 2002).

A maioria das células pode produzir superóxido ($O_2^{\cdot -}$), peróxido de hidrogénio (H_2O_2) e óxido nítrico (NO) a pedido. Por conseguinte, vale a pena sublinhar o importante papel benéfico dos radicais livres.

1. Produção de ATP (moeda universal de energia) a partir de ADP nas mitocôndrias: fosforilação oxidativa
2. Desintoxicação de xenobióticos pelo citocromo P450 (enzimas oxidantes)
3. Apoptose de células defeituosas
4. Eliminação de microrganismos e células cancerosas por macrófagos e linfócitos citotóxicos
5. Oxigenases (por exemplo, COX: ciclo-oxigenases, LOX: lipoxigenase) para a produção de prostaglandinas e leucotrienos, que têm muitas funções reguladoras.

Nos últimos anos, tornou-se cada vez mais claro que os ERO, como o $O_2^{\cdot -}$ e o H_2O_2, podem atuar como mensageiros secundários (Sivanandham, 2011).

Nas últimas três décadas, surgiram medicamentos à base de antioxidantes para a prevenção e o tratamento de doenças complexas como a aterosclerose, o acidente vascular cerebral, a diabetes, a doença de Alzheimer, a doença de Parkinson, o cancro, etc. A teoria dos radicais livres gerou interesse no papel dos antioxidantes alimentares na prevenção de doenças humanas, incluindo o cancro, a aterosclerose, os acidentes vasculares cerebrais, a artrite reumatoide, a neurogeração e a diabetes. Os antioxidantes dietéticos podem ter um potencial terapêutico promissor para retardar o aparecimento, bem como para prevenir o envelhecimento da população e as complicações que lhe estão associadas (Arulselvan *et al.*, 2012).

O conceito de alimentação está a mudar, passando de uma ênfase passada na manutenção da saúde para a utilização promissora de alimentos para promover uma melhor saúde e prevenir doenças crónicas. Os "alimentos funcionais" são aqueles que fornecem mais do que uma simples nutrição e proporcionam benefícios fisiológicos adicionais ao consumidor. Uma vez que os hábitos alimentares são específicos das populações e variam muito, é necessário estudar o potencial preventivo de doenças dos micronutrientes funcionais nas dietas regionais. Os constituintes dos alimentos indianos, como as especiarias e as plantas medicinais, fornecem uma fonte rica de compostos como os antioxidantes que podem ser utilizados em alimentos funcionais (por exemplo, vitamina E, licopeno, vitamina C, bioflavonóides, tioredoxina, etc.) (Losso *et al.*, 2007).

Os antioxidantes também têm potencial para atuar como proxidantes em determinadas condições. Os antioxidantes podem proteger contra os danos induzidos pelos radicais livres que actuam a vários níveis. Os componentes da dieta e outros componentes das plantas constituem as principais fontes de antioxidantes. A relação entre os radicais livres, os antioxidantes e o funcionamento de vários órgãos e sistemas de órgãos é altamente complexa e a descoberta da "sinalização redox" é um marco nesta relação crucial. A dieta tradicional indiana, as especiarias e as plantas medicinais são fontes ricas de antioxidantes naturais. O aumento da ingestão de alimentos com alimentos funcionais é uma estratégia que está a ganhar importância nos países avançados e que está a aparecer no nosso país (Devasagayam *et al.*, 2004).

No presente trabalho, foi realizada a atividade antioxidante das flores de *Butea monosperma* (Lamk.) Taub. em alguns ensaios antioxidantes *in vitro.*

Materiais e métodos Material

O pó seco das flores de *Butea monosperma* (Lamk.) Taub. foi embebido em água destilada e metanol, incubado durante uma noite e filtrado com papel Whattmann 42.

Produtos químicos

O metanol, o ácido sulfúrico, a acetona, o ácido tricloroacético, o ácido clorídrico, o DNPH, o Na2S2O3 e o KI foram adquiridos à S.D. Fine Chemicals. O ácido ascórbico, o molibdato de amónio, o cloreto férrico, o ácido oxálico, o persulfato de amónio e o H2O2 foram adquiridos à LOBA Chemicals. O ABTS foi adquirido à Sigma Aldrich Chemicals. Todos os produtos químicos eram de qualidade analítica.

Métodos

Ensaio de descoloração do catião radical ABTS (Re *et al.*, 1999) O ensaio de descoloração do catião radical ABTS (ácido 2,2'-azino-bis(3-etilbenzotiazolina-6-sulfónico)) foi efectuado através da reação da solução ABTS (7mM) com persulfato de amónio 2,45mM e a mistura foi deixada a repousar no escuro à temperatura ambiente durante 12-16 horas antes de ser utilizada. Neste ensaio, 0,5 ml de diferentes concentrações de extractos metanólicos e aquosos (1000^g/ml, 2000^g/ml, 3000^g/ml, 4000^g/ml e 5000^g/ml) de flores *de Butea monosperma* (Lamk.) Taub. foram adicionados a 0,3 ml de solução de ABTS e o volume final foi completado com metanol e água destilada até perfazer 1 ml, respetivamente. A absorvância foi lida a 745nm

A percentagem de eliminação do radical ABTS no ensaio de descoloração do catião foi calculada da seguinte forma

% Atividade de depuração = [(AbScontrol - AbSsample) / (AbScontrol)]^{x} 100

Onde,

AbSontrolo é a absorvância do radical ABTS sem extrato AbSSamostra é a absorvância do radical ABTS com extrato

Atividade de eliminação de peróxido de hidrogénio (Gupta e Sharma, 2010) A atividade de eliminação de peróxido de hidrogénio dos extractos metanólico e aquoso de flores de *Butea monosperma* (Lamk.) Taub. de diferentes concentrações (1000^g/ml, 2000^g/ml, 3000^g/ml, 4000^g/ml e 5000^g/ml) foi estimada por titulação de substituição. Foi preparada uma alíquota misturando 1,0ml de H2O2 0,1mM e 1,0ml de várias concentrações de extractos (1000^g/ml, 2000^g/ml, 3000^g/ml,

4000^g/ml e 5000^g/ml), seguido de 2 gotas de molibdato de amónio a 3%, 10 ml de ácido sulfúrico 2M e 7,0 ml de iodeto de potássio 1,8M. A solução mista foi titulada com tiossulfato de sódio 5,09 mM até ao desaparecimento da cor amarela.

A percentagem de eliminação do peróxido de hidrogénio foi calculada da seguinte forma

% de inibição = [(VO - VI)/VO] X 100 Em que,

V0 é o volume da solução de tiossulfato de sódio utilizada para titular a amostra de controlo (sem extrato) na presença de peróxido de hidrogénio.

V1 é o volume da solução de tiossulfato de sódio utilizado para titular a amostra em presença do extrato.

Atividade inibidora da peroxidação lipídica (Vaijanathappa *et al.*, 2008)

A gema de ovo foi separada e lavada com acetona até à remoção da cor amarela. O pó branco cremoso obtido era a lectina do ovo. A peroxidação lipídica foi induzida pela adição de 10 g (400 mM) de cloreto férrico e 10 g (400 mM) de ácido ascórbico a uma mistura contendo lectina de ovo (3 mg/ml) em solução tampão fosfato. Os tubos (exceto o controlo) com diferentes concentrações de extractos metanólicos e aquosos (1000^g/ml, 2000^g/ml, 3000^g/ml, 4000^g/ml e 5000^g/ml) de flores de *Butea monosperma* (Lamk.) Taub. e a mistura contendo lectina de ovo (3mg/ml) em solução tampão fosfato foram incubados durante 1 hora a 37°C. Após a incubação, a reação foi interrompida pela adição de 2 ml de ácido clorídrico 0,25N contendo 15% p/v de ácido tricloroacético e 0,375% p/v de ácido tiobarbitúrico. A mistura foi fervida durante 15 minutos, arrefecida, centrifugada e a absorvância do sobrenadante foi medida a 532 nm.

A percentagem de inibição da peroxidação lipídica foi calculada como

% de inibição da peroxidação lipídica = [(Acontroi - Asampie)/ Acontroi] X 100 Em que,

Acontrol é a absorvância do controlo

Asampie é a absorvância com as amostras de extrato.

Atividade antioxidante total (Shirwaikar *et al.*, 2006)

A capacidade antioxidante do Totai foi medida por método espetrofotométrico. 0,1 mi de cada um dos extractos aquoso e aicohóico das flores de *Butea monosperma* (Lamk.) Taub. de concentrações de 2000 Lig/nil foram colocados em tubos eppendorf com 1ml de solução reagente (ácido sulfúrico 0,6 M, fosfato de sódio 28mM e molibdato de amónio 4mM). Os tubos foram tapados e incubados num bloco térmico a 95°C durante 90 minutos. Após arrefecimento à temperatura ambiente, a absorvância de cada um foi medida a 695nm em relação ao branco. O ácido ascórbico foi utilizado como padrão. A atividade antioxidante total é a concentração de ácido ascórbico (Lmol/l) necessária para dar a mesma capacidade antioxidante que 1% (w/v) da substância de teste.

Estimativa do ácido ascórbico (Sadasivam e Manickam, 2004) Foi preparado um conjunto de tubos padrão de ácido desidroascórbico com várias concentrações (1000Lg/ml, 2000Lg/ml, 3000Lg/ml, 4000Lg/ml e 5000Lg/ml). Da mesma forma, foram também preparados extractos metanólicos e aquosos de flores *de Butea monosperma* (Lamk.) Taub. com uma concentração de 3000^g/ml. O volume final foi aumentado para 3 ml por adição de água destilada. Foi também preparado um branco. A cada tubo foi adicionado 1 ml de reagente DNPH (2,4-Dinitrofenil-hidrazina) seguido de 1-2 gotas de tioureia. Os conteúdos foram bem misturados e incubados a 37° C durante 3 horas. Após a incubação, os cristais laranja-avermelhados formados foram dissolvidos em 7 ml de ácido sulfúrico a 80%. A absorvância foi medida a 540nm. O gráfico da concentração de ácido ascórbico versus absorvância foi traçado e o teor de ácido ascórbico na amostra foi calculado.

Todas as experiências foram realizadas em triplicado e os resultados foram analisados estatisticamente utilizando o teste t de Student e a significância estatística foi comparada dentro do grupo, ácido ascórbico com extractos aquosos e metanólicos do extrato de flores de *Butea monosperma* (Lamk.) Taub. a $p<0,05$.

Resultados e discussão

Extractos aquosos e metanólicos de flores de *Butea monosperma* (Lamk.) Taub. de diferentes concentrações (1000^g/ml, 2000^g/ml, 3000^g/ml, 4000^g/ml e 50)00)LI g/ml) foram testados quanto à sua atividade antioxidante utilizando diferentes ensaios *in-vitro*. Observou-se que a atividade antioxidante dos extractos aquosos e metanólicos das flores de *Butea monosperma* (Lamk.) Taub. aumentou com o aumento da concentração em todos os modelos, nomeadamente o ensaio de descoloração do catião radical ABTS, o peróxido de hidrogénio e o método de peroxidação lipídica.

Ensaio de descoloração do radical catião ABTS

O ensaio de descoloração do radical catião ABTS é um antioxidante *in vitro* método de rastreio. O ensaio baseia-se na inibição da absorvância do catião radical, ABTS, que tem um espetro de absorção caraterístico de comprimento de onda longo (Sanchez, 2002). Os resultados obtidos implicaram que a atividade dos extractos, quer através da eliminação quer da inibição dos radicais ABTS, revelou uma boa propriedade antioxidante.

O extrato metanólico das flores de *Butea monosperma* (Lamk.) Taub. mostrou uma percentagem de inibição de 15,50% a 1000^g/ml, 20,60% a 2000^g/ml, 37,93% a 3000^g/ml, 48,20% a 4000^g/ml e um máximo de 56,89% a 5000^g/ml. A percentagem de inibição do extrato aquoso de flores de *Butea monosperma* (Lamk.) Taub. foi de 38,00% para 1000^g/ml, 50,00% para 2000^g/ml, 64,00% para 3000^g/ml, 70% para 4000^g/ml e foi máxima de 84,00% para 5000^g/ml. Do mesmo modo, quando o ácido ascórbico foi utilizado como padrão, verificou-se que a percentagem de inibição era de 58,00% a 1000^g/ml, 62,00% a 2000^g/ml, 72,00% a 3000^g/ml, 82,00% a 4000^g/ml e um máximo de 88,00% a 5000^g/ml. Os resultados obtidos indicam que a atividade de eliminação do radical ABTS do extrato aquoso das flores de *Butea monosperma* (Lamk.) Taub. foi melhor do que a do extrato metanólico das flores de *Butea monosperma* (Lamk.) Taub.

Os extractos aquoso e metanólico das flores de *Butea monosperma* (Lamk.) Taub. foram comparados quanto à atividade de extinção do radical ABTS utilizando o valor IC50, tendo-se verificado que o valor IC50 do extrato aquoso das flores de *Butea monosperma* (Lamk.) Taub. era de 1995,26^g/ml, enquanto o do extrato metanólico das flores de *Butea monosperma* (Lamk.) Taub. era de 4216,96^g/ml e o do ácido ascórbico era de 766,65^g/ml. Assim, o extrato aquoso de *Butea monosperma* (Lamk.) Taub. apresentou uma atividade moderada de supressão em comparação com o ácido ascórbico, enquanto o extrato metanólico de *Butea monosperma* (Lamk.) Taub. apresentou uma atividade de supressão menor em comparação com o ácido ascórbico. O valor IC50 muito baixo com
13,83 Lg/ml foi observado no extrato metanólico de *Azadirachta indica* ***A.*** Juss (Kiranmai *et al.*, 2012) e no extrato etanólico de *Sphaeranthus indicus* (Linn) com um valor IC50 de 41,99^g/ml (Shirwaikar *et al.*, 2006)

Os extractos aquoso e metanólico das flores de *Butea monosperma* (Lamk.) Taub. apresentaram um aumento significativo da atividade antioxidante com o aumento da concentração. No entanto, quanto à sua eficácia na supressão do ABTS, quando o ácido ascórbico foi comparado com o extrato metanólico das flores de *Butea monosperma* (Lamk.) Taub. a diferença na atividade indicou que o extrato metanólico era estatisticamente significativo em todas as concentrações. Mas quando a atividade do ácido ascórbico foi comparada com a do extrato aquoso das flores de *Butea monosperma* (Lamk.) Taub., a diferença na atividade mostrou significância a 1000LI g/ml e 2000^g/ml e foi insignificante a concentrações mais elevadas.

O ABTS é um radical livre relativamente estável. A química do ABTS, que envolve a geração direta do monocátion radical ABTS sem o envolvimento de qualquer radical intermediário, é um ensaio de descoloração (Shirwaikar *et al.*, 2006).

Neste caso, o catião radical é formado antes da adição do sistema de ensaio antioxidante, em vez de a geração do radical ter lugar continuamente na presença do antioxidante. Este método, utilizado para o rastreio da atividade antioxidante, é aplicável tanto a antioxidantes lipofílicos como hidrofílicos (Long *et al.*, 2000).

O resultado implica que o extrato aquoso de flores de *Butea monosperma* (Lamk.) Taub. tem o potencial de inibir o radical ABTS, provando assim ser um agente antioxidante eficiente em comparação com o extrato metanólico de *Butea monosperma* (Lamk.) Taub.

Atividade de eliminação de peróxido de hidrogénio (H_2O_2)

O H2O2 é muito importante devido à sua capacidade de penetrar nas membranas biológicas. O H2O2 em si não é muito reativo, mas pode por vezes ser tóxico para as células porque pode dar origem a radicais hidroxilo nas células. Assim, a remoção de H2O2 é muito importante para a proteção dos sistemas alimentares (Kumar *et al.*, 2008).

A percentagem de inibição do extrato metanólico de flores *de Butea monosperma* (Lamk.) Taub. foi de 22,50% para 1000^g/ml, 30,00% para 2000^g/ml, 37,50% para 3000^g/ml, 57,50% para 4000^g/ml e um máximo de 62,50% para 5000^g/ml.

A percentagem de inibição do extrato aquoso de flores de *Butea monosperma* (Lamk.) Taub. foi de 28,57% para 1000^g/ml, 34,28% para 2000^g/ml, 42,85% para 3000^g/ml, 48,57% para 4000^g/ml e o máximo foi de 57,14% para 5000^g/ml. Do mesmo modo, quando o ácido ascórbico foi utilizado como padrão, a percentagem de inibição foi de 39,00% para 1000 mg/ml, 48,00% para 2000 g/ml, 58,00% para 3000 g/ml, 63,00% para 4000 g/ml e um máximo de 70,00% para 5000 g/ml. Os resultados obtidos indicam que a atividade de eliminação do peróxido de hidrogénio do extrato metanólico de flores *de Butea monosperma* (Lamk.) Taub. foi melhor do que a do extrato aquoso de flores *de Butea monosperma* (Lamk.) Taub. a concentrações mais elevadas (4000^g/ml e 5000^g/ml).

Os extractos aquoso e metanólico das flores de *Butea monosperma* (Lamk.) Taub. foram comparados quanto à atividade de eliminação do peróxido de hidrogénio utilizando o valor IC_{50}, tendo-se verificado que o valor IC_{50} do extrato metanólico das flores de *Butea monosperma* (Lamk.) Taub. era de 3581,87^g/ml, enquanto o do extrato aquoso das flores de *Butea monosperma* (Lamk.) Taub. era de 4164,37^g/ml e o do ácido ascórbico era de 2157,74^g/ml. Assim, o extrato metanólico de *Butea monosperma* (Lamk.) Taub. apresentou uma atividade de limpeza moderada em comparação com o ácido ascórbico, enquanto o extrato aquoso de *Butea monosperma* (Lamk.) Taub. apresentou uma atividade de limpeza menor em comparação com o ácido ascórbico. Foi observado um valor IC_{50} muito baixo com 650iig/ml no extrato aquoso da raiz de *Ficus bengalensis* Linn. (Gupta e Sharma, 2010) e no extrato de colofórmio de *Enicostemma axillare* com um valor IC_{50} de 16,99^g/ml (Vaijanathappa *et al.*, 2008).

Os extractos aquoso e metanólico das flores de *Butea monosperma* (Lamk.) Taub.

apresentaram um aumento significativo da atividade antioxidante com o aumento da concentração. Quando se comparou o ácido ascórbico com os extractos metanólico e aquoso das flores de *Butea monosperma* (Lamk.) Taub. a diferença foi significativa em todas as concentrações.

O peróxido de hidrogénio é um agente oxidante fraco e pode inativar diretamente algumas enzimas, geralmente por oxidação de grupos tiol (-SH) essenciais. O peróxido de hidrogénio pode atravessar rapidamente as membranas celulares. Uma vez no interior da célula, o H2O2 pode provavelmente reagir com os iões Fe^{2+} e possivelmente com os iões Cu^{2+} para formar o radical hidroxilo, o que pode estar na origem dos seus efeitos tóxicos (Miller *et al.*, 1993). Por conseguinte, é biologicamente vantajoso para as células controlar a quantidade de peróxido de hidrogénio que se pode acumular.

O resultado implica que os extractos metanólico e aquoso das flores de *Butea monosperma* (Lamk.) Taub. têm o potencial de inibir a atividade de eliminação do peróxido de hidrogénio.

Atividade inibidora da peroxidação lipídica

A peroxidação lipídica causa danos oxidativos não só no sistema alimentar, mas também no corpo humano. O radical peroxilo é um passo fundamental na peroxidação lipídica e é uma causa importante de danos nos tecidos e, consequentemente, de stress oxidativo. Os antioxidantes podem oferecer resistência contra o stress oxidativo através da eliminação dos radicais livres, da inibição da peroxidação lipídica e de alguns outros mecanismos (Malpure, 2006).

A percentagem de inibição do extrato metanólico de flores *de Butea monosperma* (Lamk.) Taub. foi de 5,80% para 1000^g/ml, 8,80% para 2000^g/ml, 14,70% para 3000^g/ml e 17,60% para 4000^g/ml e o máximo de 20,50% para 5000^g/ml. A percentagem de inibição do extrato aquoso de flores de *Butea monosperma* (Lamk.) Taub. foi de 28,20% para 1000^g/ml, 32,60% para 2000^g/ml, 36,90% para 3000^g/ml, 39,10% para 4000^g/ml e um máximo de 41,30% para 5000^g/ml. Da mesma forma, para o ácido ascórbico, quando utilizado como padrão, a percentagem de inibição foi de 26,00% para 1000^g/ml, 34,00% para 2000^g/ml, 36,00% para 3000^g/ml, 41,00% para 4000^g/ml e um máximo de 45,00% para 5000gg/ml.

Verificou-se que a atividade de peroxidação lipídica do extrato aquoso das flores de Butea monosperma (Lamk.) Taub. era superior à do extrato metanólico das flores de *Butea monosperma* (Lamk.) Taub. Numa base comparativa, o extrato metanólico das flores de *Butea monosperma* (Lamk.) Taub. mostrou pouca atividade de extinção. Concentração muito baixa

(10 lig/ml) de extractos metanólicos e aquosos de folhas de *Mangifera indica* mostraram 56% e 43% de atividade de extinção.

Os extractos aquosos e metanólicos das flores de *Butea monosperma* (Lamk.) Taub. apresentaram um aumento significativo da atividade de peroxidação lipídica com o aumento da concentração. Quando se comparou o ácido ascórbico com o extrato metanólico de *Butea monosperma* (Lamk.) Taub., a diferença foi significativa em todas as concentrações, ao passo que o extrato aquoso *de Butea monosperma* (Lamk.) Taub. não apresentou significância em todas as concentrações e a atividade do extrato aquoso foi comparável à do ácido ascórbico padrão.

O início da peroxidação lipídica pelo sulfato ferroso ocorre quer através do complexo ferryl-perferryl quer através do radical -OH pela reação de Fenton. Os hidroperóxidos lipídicos podem ser decompostos para produzir radicais alcoxi e peroxi, que acabam por dar origem a numerosos produtos carbonílicos, como o malondialdeído (MDA). Os produtos carbonílicos são responsáveis por danos no ADN, pela geração de cancro e por doenças relacionadas com o envelhecimento (Riemersma *et al.*, 2000). Assim, o extrato metanólico de flores de *Butea monosperma* (Lamk.) Taub. mostrou uma atividade de peroxidação lipídica moderada e o extrato aquoso de flores *de Butea monosperma* (Lamk.) Taub. mostrou uma boa atividade de peroxidação lipídica comparável ao ácido ascórbico padrão.

Teor de ácido ascórbico e antioxidante total

O teor de ácido ascórbico total e o teor de compostos antioxidantes totais nos extractos aquoso e metanólico foram determinados a partir da curva padrão para o ácido ascórbico e expressos em equivalentes de ácido ascórbico.

O resultado mostrou que 3000^g/ml de extrato aquoso de flores *de Butea monosperma* (Lamk.) Taub. contém 610,56^g/ml de ácido ascórbico, enquanto que o extrato metanólico de flores *de Butea monosperma* (Lamk.) Taub. contém 521,52^g/ml de ácido ascórbico. Do mesmo modo, a atividade antioxidante total em 2000^g/ml de extractos aquosos e metanólicos de flores *de Butea monosperma* (Lamk.) Taub. contém 416,79^g/ml e 366,27^g/ml de ácido ascórbico, respetivamente. O extrato de raiz de *Asparagus racemosus* foi observado como uma fonte rica de fenóis e conteúdo de ácido ascórbico com 882^g/ml e 424^g/ml (Velavan e Begum, 2007).

O teor total de ácido ascórbico e a atividade antioxidante total foram medidos espectrometricamente e expressos em equivalente de ácido ascórbico. A partir dos dados obtidos, a atividade antioxidante total foi medida com base na redução de Mo (VI) a Mo (V) pelo extrato e na subsequente formação de um complexo de fosfato verde/Mo (V) a um pH ácido. O extrato aquoso mostrou uma melhor atividade em comparação com o extrato metanólico das flores de *Butea monosperma* (Lamk.) Taub.

A vitamina C actua como um antioxidante nos sistemas biológicos e elimina os radicais livres, aumentando assim a defesa antioxidante do organismo. O efeito da vitamina C e de antioxidantes putativos nos biomarcadores de oxidação foi estudado em muitos estados patológicos que se pensa resultarem em stress oxidativo (Riemersma *et al.*, 2000).

O extrato aquoso da raiz de *Ficus Bangalensis* Linn. foi investigado quanto à sua atividade antioxidante através da eliminação máxima do radical DPPH (96,07%) a uma concentração de 250^g/ml e do peróxido de hidrogénio (69,23^g/ml) a uma concentração de 1000^g/ml. O poder redutor também foi dependente da dose e o conteúdo fenólico total avaliou que lmg de FBWE contém 25,34^g equivalente de ácido gálico. O extrato etanólico de *Sphaeranthus indicus* (Linn) a 1000ug/ml mostrou o máximo de eliminação do catião radical, 2,2-azinobis-(3-etilbenzotiazolina-6-sulfato) (ABTS) observado até 41,99% seguido pela eliminação do radical estável 1,1-difenil, 2-picril hidrazil (DPPH) (33,27%), superóxido dismutase (25,14%) e radical de óxido nítrico (22,36%) na mesma concentração.

Os extractos aquoso e metanólico das flores de *Butea monosperma* (Lamk.) Taub. apresentaram um aumento significativo da atividade antioxidante com o aumento das concentrações. O extrato aquoso das flores de *Butea monosperma* (Lamk.) Taub. apresentou uma melhor atividade antioxidante na eliminação do radical ABTS e na peroxidação lipídica. As flores parecem ser capazes de eliminar radicais livres *in vitro*.

Capítulo 7

Estudo antimicrobiano

ESTUDO ANTIMICROBIANO

Um composto antimicrobiano é uma substância que mata ou inibe o crescimento de microrganismos, como bactérias, fungos ou protozoários. Os medicamentos antimicrobianos matam os micróbios (microbiocidas) ou impedem o seu crescimento (microbiostáticos) (Khan e Tewari, 2011). Os antibióticos são apenas as substâncias produzidas por um microrganismo que matam ou impedem o crescimento de outro microrganismo (Vinodh *et al.*, 2009).

As plantas são a fonte mais antiga de compostos farmacologicamente activos e têm fornecido ao homem muitos compostos medicamente úteis desde há séculos (Cordell, 1981). Atualmente, estima-se que mais de dois terços da população mundial dependem de medicamentos derivados de plantas como terapêutica (Anon, 1987). As plantas produzem uma gama diversificada de metabolitos secundários, muitos dos quais têm atividade antimicrobiana. Alguns destes compostos são constitutivos, existindo em plantas saudáveis nas suas formas biologicamente activas. Outros, como o glicosídeo cianogénico e os glucosinolatos, surgem como precursores inactivos e são activados em resposta a danos nos tecidos ou ao ataque de agentes patogénicos. Esta ativação envolve frequentemente enzimas vegetais, que são libertadas como resultado da quebra da integridade celular (VanEtten *et al.*, 1994).

A investigação de produtos naturais para curar doenças representa um domínio de grande interesse em que as plantas têm sido a fonte mais importante. Na medicina tradicional indiana, a utilização de plantas é uma prática generalizada. A persistência na utilização de plantas medicinais entre as pessoas das comunidades urbanas e rurais indianas pode ser considerada como prova da sua eficácia (Hammond e Jones, 1996). Embora exista uma bibliografia etno-botânica local que descreve as plantas mais frequentemente utilizadas no tratamento de doenças, há muito poucos estudos experimentais que validam as propriedades terapêuticas destas plantas (Mathekga, 2001). Por exemplo, a utilização de sumo de arando (*Vaccinium macrocarpon*) para tratar infecções do trato urinário, enquanto espécies de plantas como a erva-cidreira (*Melissa officinalis*), o alho (*Allium sativum*) e a árvore do chá (*Melaleuca alternifolia*) são descritas como agentes antimicrobianos de largo espetro. Os óleos essenciais de várias plantas, mais do que os seus extractos, têm tido uma utilização significativa no tratamento de patologias infecciosas do sistema respiratório, do trato urinário, do sistema gastrointestinal, do sistema biliar e da pele (VanEtten *et al.*, 1995).

As doenças infecciosas causadas por bactérias, fungos, vírus e parasitas constituem uma grande ameaça para a saúde pública, apesar do enorme crescimento da medicina quimioterapêutica humana (Habbu *et al.*, 2009). A resistência das bactérias aos antibióticos está a tornar-se cada vez mais uma preocupação para a saúde pública. Os antibióticos atualmente utilizados não estão a conseguir pôr termo a muitas infecções bacterianas devido a estirpes super-resistentes. As plantas têm um grande potencial para produzir novos medicamentos de grande benefício para a humanidade (Grover *et al.*, 2011). O estudo das plantas medicinais como agentes antimicrobianos tem-se centrado na atividade do extrato fitoquímico total. Mas a procura de actividades potencialmente interessantes de várias plantas é essencial. Na Índia, os serviços médicos modernos são insuficientes para fornecer à população cuidados curativos básicos. O tratamento médico tradicional, apoiado principalmente pela utilização de plantas medicinais, representa os principais métodos alternativos que, na sua maioria, não estão documentados cientificamente e continuam a ser comunicados verbalmente de uma geração para a outra (Wani, 2007).

As diferentes partes da planta de *Butea monosperma* (Lamk.) Taub. são tradicionalmente populares para o tratamento da lepra, gonorreia, diarreia, feridas, úlceras, doenças da pele e dos olhos. A maioria destas doenças é causada por agentes patogénicos bacterianos. Por conseguinte, o presente trabalho centrou-se na atividade antibacteriana de diferentes partes da planta de *Butea monosperma* (Lamk.) Taub.

Materiais e métodos Materiais

- Pó seco de folhas, cascas e flores de *Butea monosperma* (Lamk.) Taub.
- Solução salina a 0,9% - 0,9 g de NaCl em 100 ml de água destilada e autoclavar a 15 lbs.
- Caldo Mueller - Hinton - 21gms de caldo Mueller - Hinton em pó em 1000ml de água destilada e autoclave.
- Ágar Mueller - Hinton - 28gms de ágar Mueller - Hinton em 1000ml de água destilada e adicionar 15gms de ágar Agar tipo 1. Digerir o meio e autoclavar.
- 5iig/ml de ciprofloxacina (Glenmark Pharma)

Culturas de teste

1. *Escherichia coli* (E.c.)
2. *Salmonella typhi* (S.t.)
3. *Klebsiella pneumoniae* (K.p.)
4. *Shigella dysenteriae* (Sh.d.)
5. *Bacillus subtilis* (B.s.)
6. *Corynebacterium diphtheriae* (C.d.)
7. *Staphylococcus aureus* (S.a.)
8. *Streptococcus pyogenes* (S.p.)

Solventes utilizados na preparação do extrato

1. Etanol
2. Metanol
3. Água destilada
4. Acetato de etilo
5. n- hexano
6. Clorofórmio
7. Acetona
8. Éter de petróleo

Método

Concentração inibitória mínima

A concentração inibitória mínima (CIM) dos extractos de solvente (etanol, metanol, aquoso, acetato de etilo, n-hexano, clorofórmio, acetona e éter de petróleo) de *Butea monosperma* (Lamk.) Taub. folha, casca e flores foi determinado para *Escherichia coli, Salmonella typhi, Klebsiella pneumoniae, Shigella dysenteriae, Bacillus subtilis, Corynebacterium diphtheriae, Staphylococcus aureus* e *Streptococcus pyogenes.* A concentração variada de extractos (etanol, metanol aquoso, acetato de etilo, clorofórmio n-hexano, acetona e éter de petróleo) da folha, casca e flores de *Butea monosperma* (Lamk.) Taub. (10mg/ml, 50mg/ml, 100mg/ml, 150mg/ml, 200mg/ml e 250mg/ml) foi adicionada a 3ml de tubos de caldo Mueller - Hinton com 0,1ml de suspensão bacteriana. Os tubos foram incubados a 37°C durante 24 horas. Após a incubação, os tubos foram examinados quanto ao crescimento bacteriano através da observação da turvação (Ahsan *et al.*, 2009).

Método de difusão em Agar Well

A atividade antibacteriana foi realizada utilizando o extrato de partes da planta, folha, casca e flores de *Butea monosperma* (Lamk.) Taub. utilizando o método de difusão em poços de Agar. A atividade antibacteriana foi determinada medindo o diâmetro (mm) da zona de inibição. A concentração do extrato de cada parte da planta a utilizar no método foi calculada com base nos respectivos valores de CIM e o dobro dos valores de CIM foi utilizado para determinar a zona de inibição. A cultura foi semeada a granel em ágar Mueller-Hilton e vertida em placas de Petri, foram perfurados quatro poços equidistantes de 8 mm em placas de ágar solidificadas e, em seguida, os extractos foram adicionados aos poços. O diâmetro da zona de inibição (ZOI) foi registado em milímetros (mm). A ciprofloxacina (5^g/ml) foi utilizada como controlo positivo e os respectivos solventes foram utilizados como controlo negativo. As placas foram incubadas a 37°C durante 24 horas e observou-se a zona de inibição (Chitravadivu *et al.*, 2009).

Resultados e discussão

Os resultados obtidos do estudo da CIM mostraram que os extractos de metanol, etanol, aquoso, acetona, acetato de etilo e clorofórmio da folha, casca e flores de *Butea monosperma* (Lamk.) Taub. mostraram uma diminuição do crescimento com o aumento da concentração (10-250mg/ml), indicando a inibição do crescimento dos organismos. Verificou-se que a CIM se situa entre 100-150mg/ml de metanol, etanol, acetato de etilo, acetona, clorofórmio e extractos aquosos de todas as partes da planta (folha, casca e flores) de *Butea monosperma* (Lamk.) Taub. contra *Escherichia coli, Salmonella typhi, Klebsiella pneumoniae, Shigella dysenteriae, Bacillus subtilis, Corynebacterium diphtheriae, Staphylococcus aureus e Streptococcus pyogenes*. Os extractos de éter de petróleo e n-hexano da folha, casca e flores de *Butea monosperma* (Lamk.) Taub. não mostraram atividade inibidora contra as estirpes bacterianas acima mencionadas.

Os constituintes fitoquímicos, tais como taninos, flavonóides, alcalóides e vários outros compostos aromáticos são metabolitos secundários das plantas que servem como mecanismo de defesa contra a predação por muitos microrganismos, insectos e herbívoros (Lutterodt *et al.*, 1999; Marjorie, 1999). A CIM de extractos etanólicos de folhas de *Adhatoda vasica* contra diferentes estirpes de microrganismos foi encontrada entre 75mg/ml e 100mg/ml (Karthikeyan *et al.*, 2009). A concentração inibitória mínima (CIM) dos extractos etanólicos das folhas de *Andrographis paniculata, Catharanthus roseus, Vitex vegundo, Aloe vera, Flacortia ramontchi* e *Nyctanthes arbortristis* foi determinada testando os extractos em quatro bactérias Gram-positivas e cinco Gram-negativas através do método de diluição em série em tubo e foi encontrada entre o intervalo de concentração de 32 a 128mg/ml (Molla *et al.*, 2010).

Atividade antibacteriana utilizando **o método de difusão em poço** de **ágar** A atividade antibacteriana utilizando diferentes extractos de solvente da folha, casca e flores de *Butea monosperma* (Lamk.) Taub. foi estudada pelo método de difusão em poço de ágar contra as bactérias acima mencionadas.

Folha

O extrato aquoso da folha de *Butea monosperma* (Lamk.) Taub. mostrou uma maior atividade antibacteriana contra E.c. com ZOI 22,00±1,00mm do que os extractos de acetona, acetato de etilo, etanol, metanol e clorofórmio que mostraram ZOI 13,00±0,58mm ,12,00±0,00mm, 11,00±0,58mm, 11,00±0 , 00mm, 11,00±0,58 mm, respetivamente. Os extractos de éter de petróleo e n-hexano não mostraram atividade antibacteriana contra E.c.

Os extractos metanólico e aquoso da folha de *Butea monosperma* (Lamk.) Taub. mostraram maior atividade contra S.t. com ZOI 22.00±0.58mm, do que os extractos de etanol e acetona que mostraram ZOI 11.00±0.58mm. Os extractos de acetato de etilo, éter de petróleo, clorofórmio e n-hexano não apresentaram atividade antibacteriana contra S.t.

O extrato de acetona da folha de *Butea monosperma* (Lamk.) Taub. apresentou uma atividade relativamente mais elevada contra o K.p. com ZOI 14,00±0,58 mm em comparação com os extractos de etanol, metanol e acetato de etilo que apresentaram ZOI 12,00±0,58 mm, 12,00±0,58 mm e 11,00±0,58 mm, respetivamente. Os extractos aquoso, de clorofórmio, de éter de petróleo e de n-hexano não apresentaram atividade antibacteriana contra K.p.

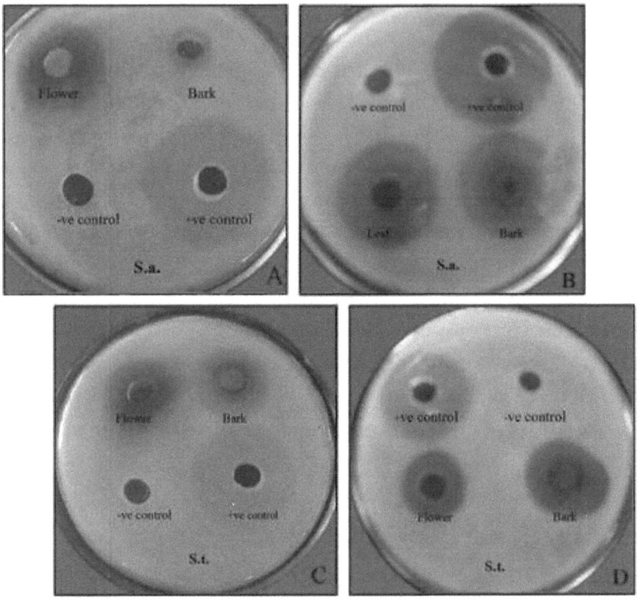

ZOI para extractos de etanol e metanol de diferentes partes de plantas de *Butea monosperma* (Lamk.) Taub. contra *Staphylococcus aureus* e *Salmonella typhi*
A: ZOI contra S.a. tratada com extrato etanólico da flor e da casca. **B:** ZOI contra S.a. tratado com extrato de metanol da folha e da casca. **C: ZOI** contra S.t. tratado com extrato metanólico da flor e da casca. **D:** ZOI contra S.t. tratado com extrato de etanol da flor e da casca.

O extrato etanólico da folha de *Butea monosperma* (Lamk.) Taub. mostrou comparativamente uma maior atividade contra Sh.d. com ZOI 12.00±0.58mm, do que os extractos de metanol e acetona que mostraram ZOI 10.00±0.58mm, e 10.00±0.00mm respetivamente. Os extractos aquoso, de clorofórmio, de acetato de etilo, de n-hexano e de éter de petróleo não apresentaram qualquer atividade antibacteriana contra a Sh.d.

O extrato etanólico da folha de *Butea monosperma* (Lamk.) Taub. mostrou mais atividade contra B.s., com um ZOI de 20,00±0,58 mm, do que os extractos aquoso, de acetona, de metanol, de acetato de etilo e de clorofórmio, que mostraram um ZOI de 19,00±0,58 mm, 13,00±0 ,58 mm, 12,00±0,58 mm, 11,00±0,58 mm e 11,00±0,58 mm

respetivamente. Os extractos de éter de petróleo e n-hexano não mostraram qualquer atividade antibacteriana contra B.s.

O extrato etanólico da folha de *Butea monosperma* (Lamk.) Taub. mostrou maior atividade contra C.d. com ZOI 28.00±0.58mm, do que os extractos de metanol, acetato de etilo e acetona que mostraram ZOI 22.00±0.58mm, 11.00±0.58mm e 11.00±0.58mm respetivamente. Os extractos aquoso, de clorofórmio, de éter de petróleo e de n-hexano não apresentaram atividade antibacteriana contra C.d.

O extrato metanólico da folha de *Butea monosperma* (Lamk.) Taub. mostrou uma atividade relativamente mais elevada contra S.a. com ZOI 22.00±0.58mm, do que os extractos de acetona, etanol, acetato de etilo e clorofórmio que mostraram ZOI 16.00±0.58mm, 12.00±0.58mm, 12.00±0.58mm e 12.00±1.00mm respetivamente. Os extractos aquosos, de n-hexano e de éter de petróleo não apresentaram atividade antibacteriana contra S.a.

O extrato etanólico da folha de *Butea monosperma* (Lamk.) Taub. mostrou maior atividade contra S.p. com ZOI 18.00±0.00mm, em comparação com os extractos de metanol, acetato de etilo e acetona que mostraram ZOI 16.00±0.58mm, 12.00±0.58mm, 11.00±0.58mm respetivamente. Os extractos aquoso, de clorofórmio, de éter de petróleo e de n-hexano não apresentaram atividade antibacteriana contra S.p.

Casca

O extrato aquoso da casca de *Butea monosperma* (Lamk.) Taub. mostrou maior atividade contra E.c. com ZOI 26,00±1,00mm, do que os extractos de etanol, metanol, acetona, clorofórmio e acetato de etilo que mostraram ZOI 22,00±0,58mm, 21,00±0,58mm, 16,00±0,58mm, 15,00±0,58mm e 12,00±0,58mm
respetivamente. Os extractos de éter de petróleo e n-hexano não mostraram atividade antibacteriana contra E.c.

O extrato de metanol da casca de *Butea monosperma* (Lamk.) Taub. mostrou uma atividade relativamente mais elevada contra S.t. com ZOI 24.00±0.58mm, do que os extractos aquoso, de etanol e de acetona que mostraram ZOI 23.00±1.00mm, 21.00±0.58mm, 11.00±0.58mm respetivamente. Os extractos de acetato de etilo, éter de petróleo, clorofórmio e n-hexano não apresentaram atividade antibacteriana contra S.t.

Os extractos de etanol, acetona e metanol da casca de *Butea monosperma* (Lamk.) Taub. mostraram mais atividade contra K.p. com ZOI 13.00±0.00mm, do que o extrato de acetato de etilo que mostrou ZOI 12.00±0.58mm, respetivamente. Os extractos aquoso, clorofórmio, éter de petróleo e n-hexano não apresentaram atividade antibacteriana contra K.p.

Os extractos de etanol, metanol, acetato de etilo e acetona da casca de *Butea monosperma* (Lamk.) Taub. mostraram uma atividade antibacteriana semelhante contra Sh.d com ZOI de 10,00±0,00mm. Os extractos aquoso, de éter de petróleo, clorofórmio e n-hexano não apresentaram atividade antibacteriana contra a Sh.d.

O extrato etanólico da casca de *Butea monosperma* (Lamk.) Taub. mostrou maior atividade contra B.s. com ZOI 21.00±0.58mm, do que os extractos de metanol, acetona, acetato de etilo e clorofórmio que mostraram ZOI 19.00±0.58mm, 13.00±0.58mm, 12.00±0.58mm e 11.00±1.00mm respetivamente. Os extractos de petróleo, éter, n-hexano e aquoso não apresentaram atividade antibacteriana contra B.s.

O extrato etanólico da casca de *Butea monosperma* (Lamk.) Taub. mostrou mais atividade contra C.d. com ZOI 28.00±1.00mm, do que os extractos aquoso, metanol, acetato de etilo e acetona que mostraram ZOI 24.00±1.00mm, 21.00±0.58mm, 11.00±0.58mm e 11.00±0.58mm respetivamente. Os extractos de éter de petróleo, n-hexano e clorofórmio não apresentaram atividade antibacteriana contra C.d.

O extrato metanólico da casca de *Butea monosperma* (Lamk.) Taub. mostrou maior atividade contra S.a. com ZOI 25.00±0.58mm, do que os extractos de acetona, etanol e acetato de etilo que mostraram ZOI 18.00±1.00mm, 13.00±0.58mm e 12.00±1.00mm respetivamente. O extrato aquoso, o clorofórmio, o éter de petróleo e os extractos de n-hexano não apresentaram atividade antibacteriana contra S.a.

O extrato etanólico da casca de *Butea monosperma* (Lamk.) Taub. mostrou uma atividade relativamente mais elevada contra S.p. com ZOI 18.00±0.58mm do que os extractos de metanol, acetato de etilo e acetona que mostraram ZOI 17.00±0.58mm, 13.00±0.58mm e 13.00±0.58mm respetivamente. Os extractos aquoso, n-hexano, clorofórmio e éter de petróleo não apresentaram atividade antibacteriana contra S.p.

Flores

O extrato etanólico das flores de *Butea monosperma* (Lamk.) Taub. mostrou comparativamente maior atividade contra E.c. com ZOI 24.00±0.58mm, do que os extractos aquoso, metanol, acetato de etilo e acetona que mostraram ZOI 22.00±0.58mm, 20.00±0.58mm, 12.00±0.58mm, 12.00±0.58mm respetivamente. Os extractos de éter de petróleo, n-hexano e clorofórmio não apresentaram atividade antibacteriana contra E.c.

O extrato metanólico das flores de *Butea monosperma* (Lamk.) Taub. mostrou maior atividade contra a S.t. com ZOI 24,00±0,58mm, do que os extractos etanólico, aquoso e de acetato de etilo, que mostraram ZOI 23,00±0,58mm, 23,00±0,58mm, 12,00±0,58mm e 12,00±0,58mm, respetivamente.

Os extractos de acetona, éter de petróleo, n-hexano e clorofórmio não revelaram qualquer atividade antibacteriana contra S.t. Os extractos de flores de *Butea monosperma* (Lamk.) Taub. em todos os solventes não revelaram qualquer atividade antibacteriana contra K.p. e Sh.d.

Os extractos metanólico e aquoso das flores de *Butea monosperma* (Lamk.) Taub. mostraram comparativamente maior atividade contra B.s. com ZOI 22.00±0.58mm, do que os extractos de etanol, acetona e acetato de etilo que mostraram ZOI 20.00±0.00mm, 14.00±0.58mm, 12.00±0.58mm respetivamente. Os extractos de éter de petróleo, n-hexano e clorofórmio não apresentaram atividade antibacteriana contra B.s.

O extrato etanólico das flores de *Butea monosperma* (Lamk.) Taub. mostrou maior atividade contra C.d. com ZOI 27.00±0.58mm, do que os extractos aquoso, metanol, acetona e acetato de etilo que mostraram ZOI 26.00±0.58mm, 24.00±1.00mm, 20.00±0.58mm e 11.00±0.58mm respetivamente. Os extractos de éter de petróleo, n-hexano e clorofórmio não apresentaram atividade antibacteriana contra C.d.

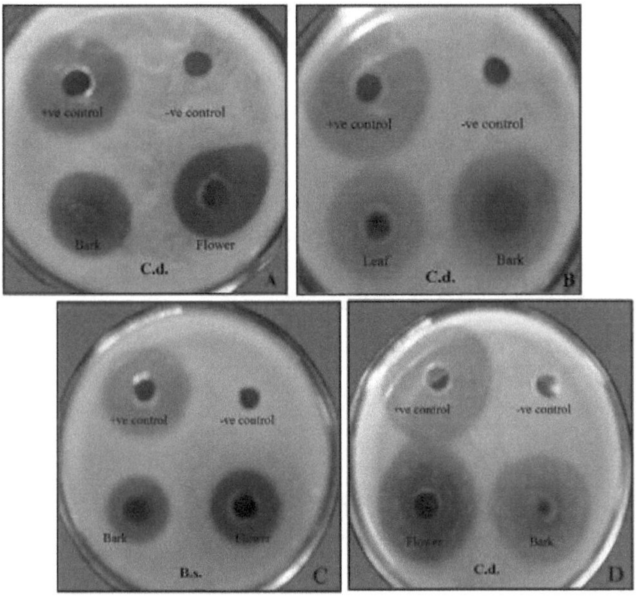

ZOI para extractos de etanol e metanol de diferentes partes de plantas de *Butea monosperma* (Lamk.) Taub. contra *Corynebacterium diphtheriae* e *Bacillus subtilis*
A: ZOI contra C.d. tratado com extrato de metanol da flor e da casca.
B: ZOI contra C.d. tratado com extrato etanólico de folha e casca.
C: ZOI contra B.s. tratada com extrato de metanol da flor e da casca.
D: ZOI contra C.d. tratado com extrato etanólico de flor e casca.

O extrato etanólico das flores de *Butea monosperma* (Lamk.) Taub. mostrou uma atividade relativamente mais elevada contra S.a. com ZOI 25.00±1.00mm, do que os extractos de metanol, acetona, aquoso e acetato de etilo que mostraram ZOI 23.00±0.58mm, 22.00±0.58mm, 14.00±0.58mm, 11.00±0.58mm respetivamente. Os extractos de éter de petróleo, n-hexano e clorofórmio não apresentaram atividade antibacteriana contra S.a.

O extrato etanólico das flores de *Butea monosperma* (Lamk.) Taub. mostrou maior atividade contra S.p. com ZOI 18.00±1.00mm do que os extractos de metanol, acetato de etilo e acetona que mostraram ZOI 16.00±0.58mm, 12.00±0.00mm e 11.00±1.00mm respetivamente. Os extractos de éter de petróleo, n-hexano e clorofórmio não apresentaram atividade antibacteriana contra
S.p.

No presente estudo, foi estudada a atividade antibacteriana de partes da planta (folha, casca e flores) de *Butea monosperma* (Lamk.) Taub. A atividade antibacteriana do extrato etanólico da folha de *Butea monosperma* (Lamk.) Taub.

foi comparativamente mais elevada contra *Shigella dysenteriae, Bacillus subtilis, Corynebacterium diphtheriae* e *Streptococcus pyogenes* quando comparada com outros extractos. O extrato de metanol mostrou maior atividade contra *Salmonella typhi* e *Staphylococcus aureus* quando comparado com outros extractos. A atividade antibacteriana do extrato aquoso da folha de *Butea monosperma* (Lamk.) Taub. foi mais elevada contra *Escherichia coli e Salmonella typhi* quando comparada com outros extractos. O extrato de acetona da folha de *Butea monosperma* (Lamk.) Taub. foi mais elevado contra *Klebsiella pneumoniae* quando comparado com outros extractos. Quando a atividade antibacteriana de todos os extractos da folha de *Butea monosperma* (Lamk.) Taub. foi comparada contra as estirpes bacterianas, o extrato de etanol mostrou uma atividade relativamente mais elevada contra *Corynebacterium diphtheriae* comparável ao antibiótico de controlo Ciprofloxacina.

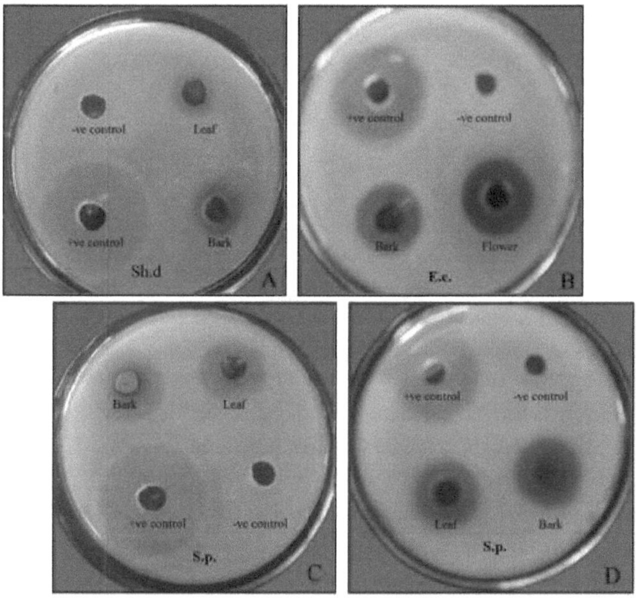

ZOI para extractos de etanol e metanol de diferentes partes de plantas de *Butea monosperma* (Lamk.) Taub. contra *Shigella dysenteriae*, *Escherichia coli* e *Streptococcus pyogenes*

A: ZOI contra Sh.d. tratada com extrato de metanol da folha e da casca. **B:** ZOI contra E.c. tratado com extrato de etanol da flor e da casca. **C: ZOI** contra S.p. tratado com extrato de metanol da folha e da casca. **D:** ZOI contra a S.p. tratada com extrato etanólico da folha e da casca.

O extrato etanólico da casca de *Butea monosperma* (Lamk.) Taub. mostrou uma atividade antibacteriana comparativamente mais eficaz contra *Klebsiella pneumoniae, Bacillus subtilis, Corynebacterium diphtheriae* e *Streptococcus pyogenes* quando comparado com outros extractos.

O extrato de metanol mostrou uma maior atividade antibacteriana contra *Salmonella typhi, Klebsiella pneumoniae* e *Staphylococcus aureus* quando comparado com outros extractos. A atividade antibacteriana do extrato aquoso da folha de *Butea monosperma* (Lamk.) Taub. foi mais elevada contra *Escherichia coli* quando comparada com outros extractos. Quando a atividade antibacteriana de todos os extractos da casca de *Butea monosperma* (Lamk.) Taub. foi comparada contra as estirpes bacterianas, o extrato de etanol mostrou uma atividade relativamente mais elevada contra *Corynebacterium diphtheriae* comparável ao antibiótico de controlo Ciprofloxacina.

A atividade antibacteriana do extrato de etanol das flores de *Butea monosperma* (Lamk.) Taub. mostrou uma melhor atividade antibacteriana contra *Escherichia coli, Corynebacterium diphtheriae, Staphylococcus aureus* e *Streptococcus pyogenes* quando comparado com outros extractos. O extrato de metanol mostrou uma maior atividade antibacteriana contra *Salmonella typhi,* e *Bacillus subtilis* quando comparado com outros extractos. Quando a atividade antibacteriana de todos os extractos de flores de *Butea monosperma* (Lamk.) Taub. foi comparada contra as culturas de teste, o extrato de etanol mostrou uma atividade relativamente mais elevada contra *Corynebacterium diphtheriae* comparável ao antibiótico de controlo Ciprofloxacina.

Atividade antibacteriana (ZOI) de partes da planta de *Butea monosperma* (Lamk.) Taub. utilizando vários solventes contra *Escherichia coli* pelo método de difusão em ágar

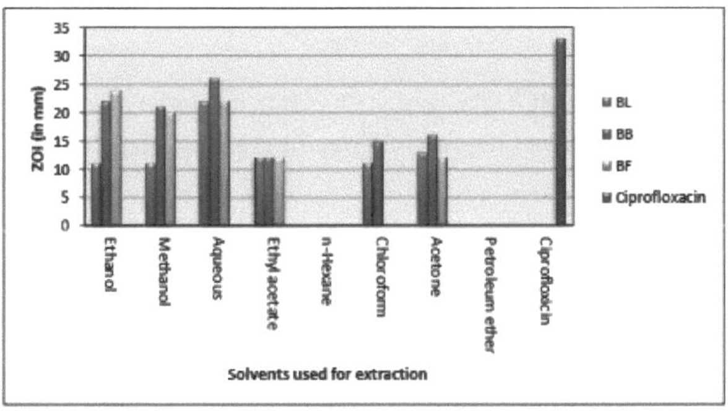

Atividade antibacteriana (ZOI) de partes da planta de *Butea monosperma* (Lamk.) Taub. utilizando vários solventes contra *Salmonella typhi* pelo método de difusão em ágar

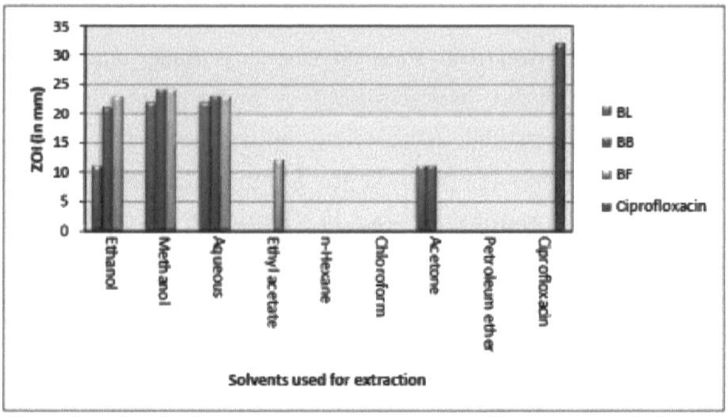

Palavras-chave: BL - *Butea monosperma* (Lamk.) Taub. folha; BB - *Butea monosperma* (Lamk.) Taub. casca; BF - *Butea monosperma* (Lamk.) Taub. flores; CP - Ciprofloxacina

Atividade antibacteriana (ZOI) das partes da planta de *Butea monosperma* (Lamk.) Taub. utilizando vários solventes contra *Klebsiella pneumoniae* pelo método de difusão em ágar

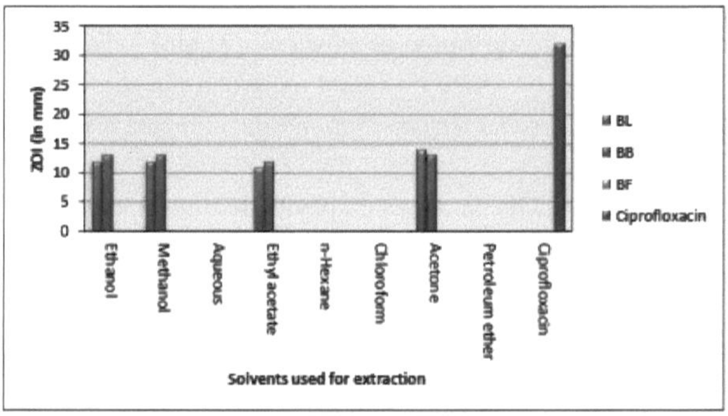

Atividade antibacteriana (ZOI) das partes da planta de *Butea monosperma* (Lamk.) Taub. utilizando vários solventes contra *Shigella dysenteriae* pelo método de difusão em ágar

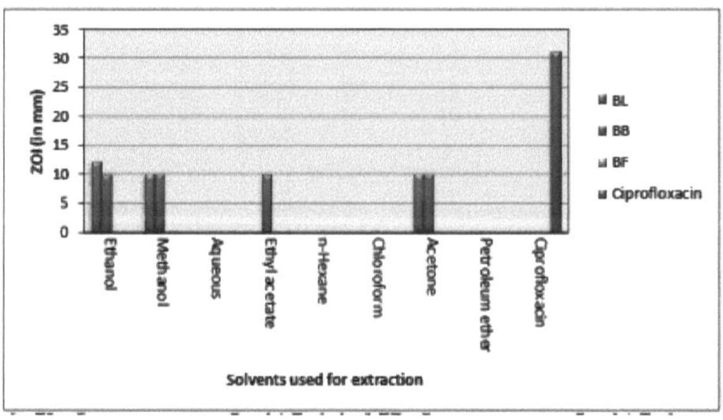

Palavras-chave: BL - *Butea monosperma* (Lamk.) Taub. folha; BB - *Butea monosperma* (Lamk.) Taub. casca; BF - *Butea monosperma* (Lamk.) Taub. flores; CP - Ciprofloxacina

Atividade antibacteriana (ZOI) de partes da planta de *Butea monosperma* (Lamk.)

Taub. utilizando vários solventes contra *Bacillus subtilis* pelo método de difusão em ágar

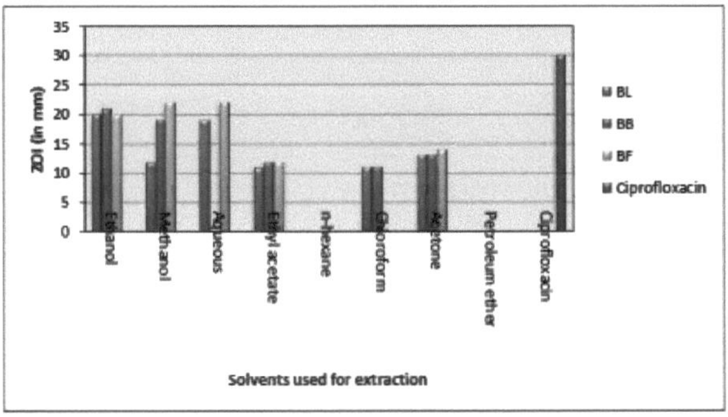

Atividade antibacteriana (ZOI) de partes da planta de *Butea monosperma* (Lamk.) Taub. utilizando vários solventes contra *Corynebacterium diphtheriae* pelo método de difusão em ágar

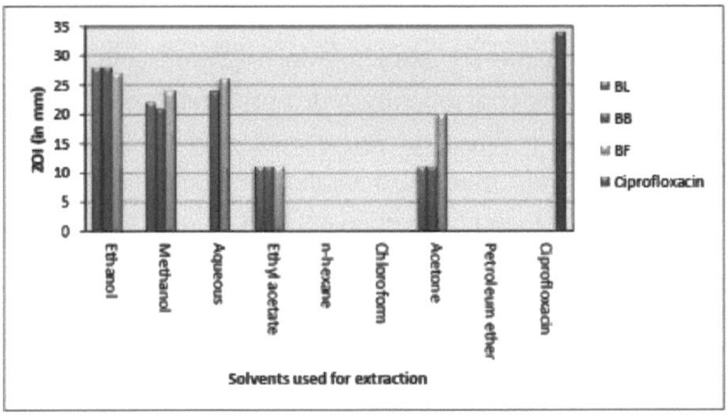

Palavras-chave: BL - *Butea monosperma* (Lamk.) Taub. folha; BB - *Butea monosperma* (Lamk.) Taub. casca; BF - *Butea monosperma* (Lamk.) Taub. flores; CP - Ciprofloxacina

Atividade antibacteriana (ZOI) das partes da planta *Butea monosperma* (Lamk.) Taub. utilizando vários solventes contra *Staphylococcus aureus* pelo método de difusão em ágar

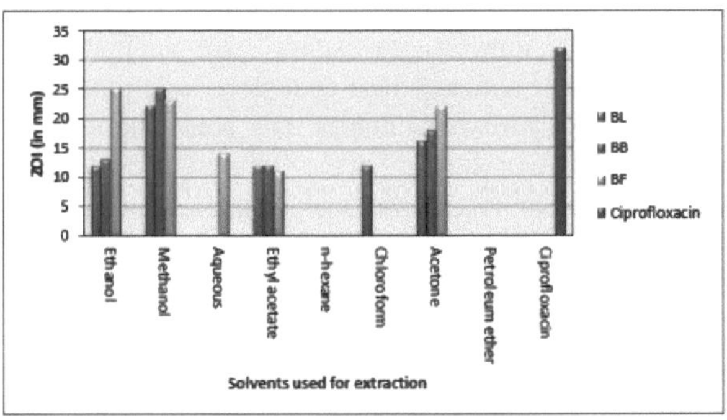

Atividade antibacteriana (ZOI) das partes da planta *Butea monosperma* (Lamk.)

Taub. utilizando vários solventes contra *Streptococcus pyogenes* pelo método de difusão em ágar

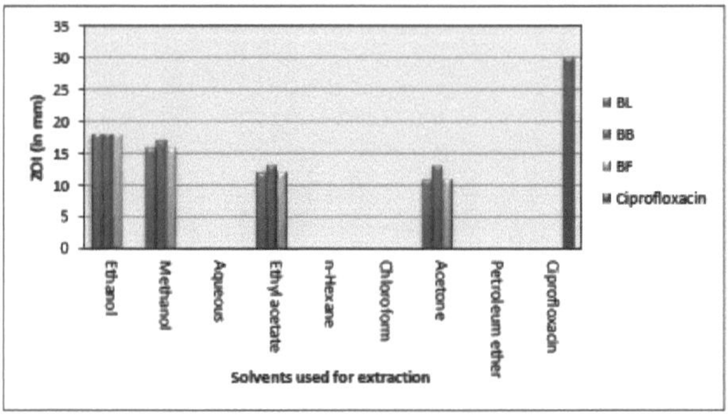

Palavras-chave: BL - *Butea monosperma* (Lamk.) Taub. folha; BB - *Butea monosperma* (Lamk.) Taub. casca; BF - *Butea monosperma* (Lamk.) Taub. flores; CP - Ciprofloxacina

Os extractos alcoólicos da folha, casca e flores de *Butea monosperma* (Lamk.) Taub. mostraram uma melhor atividade antibacteriana contra a maioria dos organismos testados, enquanto os extractos de n-hexano e éter de petróleo não mostraram atividade antibacteriana contra todos os organismos testados. O extrato de etanol da folha, casca e flores de *Butea monosperma* (Lamk.) Taub. contra *Corynebacterium diphtheriae* mostrou a melhor atividade (28,00 mm na folha e casca; 27,00 mm nas flores), comparável ao antibiótico de controlo Ciprofloxacina. A atividade antibacteriana do extrato etanólico das folhas de *Adhatoda vasica* contra *Staphylococcus aureus* mostrou ZOI 19,00mm na concentração 400mg/ml (Karthikeyan *et al.*, 2009); o extrato etanólico da casca do caule *de Balanites roxburghii* contra *Salmonella typhi* mostrou ZOI 9,00mm na concentração 500mg/ml (Singh *et al*, 2009); os extractos metanólicos das folhas de *Terminalia catappa* mostraram ZOI 20mm na concentração 500mg/ml, a casca de *Punica granatum* mostrou ZOI 22mm na concentração 500mg/ml contra *Klebsiella pneumoniae* (Chauhan *et al.*, 2010).

No presente estudo, observou-se que os extractos alcoólicos de partes da planta (folha, casca e flores) de *Butea monosperma* (Lamk.) Taub. apresentaram uma atividade antibacteriana superior comparável ao antibiótico de controlo Ciprofloxacina. A atividade antibacteriana pode dever-se à presença de um único ou de uma combinação de fitoconstituintes, tais como alcalóides, flavonóides, saponinas e taninos.

No entanto, muitos fitoconstituintes podem ser antimicrobianos, mas apenas alguns deles podem ser potenciais agentes terapêuticos pela simples razão de que as células dos mamíferos são sensíveis à inibição química (Sivakumar e Alagesaboopathi, 2006).

Os extractos alcoólicos da folha, casca e flores de *Butea monosperma* (Lamk.) Taub apresentaram atividade antibacteriana contra bactérias gram positivas e gram negativas. Por conseguinte, pode ser utilizado como terapêutica antibacteriana de largo espetro. No entanto, é necessário efetuar testes farmacológicos, toxicológicos e clínicos antes da sua utilização como terapêutica.

CONCLUSÃO GERAL

As plantas têm servido como um valioso material de partida para o desenvolvimento de medicamentos (Edeoga *et al.*, 2005). As plantas ocupam atualmente uma posição importante na medicina alopática, na fitoterapia, na homeopatia e na aromaterapia. As plantas medicinais são a fonte de muitos medicamentos importantes do mundo moderno. Muitas destas plantas medicinais indígenas são utilizadas como especiarias e plantas alimentares; também são por vezes adicionadas a alimentos destinados a mulheres grávidas para fins medicinais (Okwu, 1999). Segundo a Organização Mundial de Saúde (OMS), as plantas medicinais seriam a melhor fonte para obter uma variedade de medicamentos (Yadav e Agarwala, 2011). Atualmente, há um interesse crescente em remédios à base de plantas devido aos efeitos secundários associados aos agentes hipoglicémicos orais (agente terapêutico) para o tratamento da diabetes mellitus (Patel e Srinivasan, 1997). As acções biológicas dos produtos vegetais utilizados como medicamentos alternativos para o tratamento da diabetes estão relacionadas com a sua composição química. Os produtos à base de plantas ou produtos vegetais são ricos em compostos fenólicos, flavonóides, terpenóides, cumarinas e outros constituintes que mostram uma redução dos níveis de glucose no sangue (Jung *et al.*, 2006 e Ji *et al.*, 2009).

As doenças infecciosas são a principal causa de morte em todo o mundo. Os antibióticos tornaram-se uma preocupação global (Westh *et al.*, 2004). A eficácia clínica de muitos dos antibióticos existentes está a ser ameaçada pelo aparecimento de agentes patogénicos multirresistentes (Bandow *et al.*, 2003). Sabe-se que muitas doenças infecciosas têm sido tratadas com remédios à base de plantas ao longo da história da humanidade. Os produtos naturais, quer como compostos puros quer como extractos padronizados de plantas, oferecem oportunidades ilimitadas para a obtenção de novos fármacos, devido à disponibilidade inigualável de diversidade química. Existe uma necessidade contínua e urgente de descobrir novos compostos antimicrobianos
com estruturas químicas diversas e novos mecanismos de ação para doenças infecciosas novas e reemergentes. Este facto levou ao rastreio de várias plantas medicinais quanto à sua potencial atividade antimicrobiana (Parekh e Chandra, 2007).

Os antioxidantes são sequestradores de radicais que protegem o corpo humano contra os radicais livres que podem causar condições patológicas como a isquémia, a anemia, a asma, a artrite, o processo de envelhecimento, etc. (Potterat, 1997). Os flavonóides e os flavões são metabolitos secundários amplamente distribuídos com propriedades antioxidantes (Nakayoma e Yamada, 1995). Desde tempos remotos que se sabe que as plantas são potentes fábricas bioquímicas. Este facto tem atraído um grande interesse de investigação sobre os antioxidantes naturais.

A imensa importância das plantas medicinais está a aumentar nos dias de hoje e a utilização de medicamentos naturais é uma grande promessa devido à sua melhor compatibilidade com o corpo humano e aos seus menores efeitos secundários. A revisão da literatura sobre *Butea monosperma* (Lamk.) Taub. indica que, apesar dos vários estudos efectuados, há necessidade de explorar as suas propriedades antidiabéticas, antimicrobianas e antioxidantes. Tendo em conta estes aspectos, foi realizado o presente trabalho "Estudo das propriedades antidiabéticas, antimicrobianas e antioxidantes de partes de plantas de *Butea monosperma* (Lamk.) Taub.

Butea monosperma (Lamk.) Taub. vulgarmente conhecida como chama da floresta, pertence à família Leguminosae e à subfamília Fabaceae. É uma árvore de tamanho médio com ramos tortuosos e grandes folhas trifoliadas. As flores são grandes, de um vermelho alaranjado vivo e produzidas em racemos rígidos. Na Índia, ocupa o lugar de *Schleichera trijuga* como árvore hospedeira do inseto lac (Kirtikar e Basu, 1984).

No presente estudo, foram colhidas partes de plantas de *Butea monosperma* (Lamk.) Taub. em dois locais diferentes (Murbad e Lonavala) e autenticadas no Blatter Herbarium St. Foram efectuados estudos anatómicos e fitoquímicos das plantas colhidas em ambos os locais. Foram efectuados outros estudos antidiabéticos, antimicrobianos e antioxidantes em partes de plantas de *Butea monosperma* (Lamk.) Taub. (folha, casca e flores) colhidas em Murbad. A identificação do principal fitoconstituinte responsável pelo corante extraído das flores de *Butea monosperma* (Lamk.) Taub. foi também efectuada por HPTLC e análise LC-MS.

O estudo anatómico de *Butea monosperma* (Lamk.) Taub. mostrou caraterísticas morfológicas e microscópicas quase semelhantes na secção transversal do caule, folha e pecíolo das plantas recolhidas em dois locais diferentes. O caule de *Butea monosperma* (Lamk.) Taub. apresentou crescimento secundário intrastelar e extrastelar com formações proeminentes de madeira e periderme, respetivamente. O pó do caule velho mostrou vasos com buracos nas suas paredes laterais, traqueídos com espessamento anular, vasos com espessamento reticulado, massa gomosa amarela e cristais de Ca-oxalato. O pecíolo apresentava uma estela em forma de ferradura ou em forma de cunha. Estes caracteres podem ser considerados como uma ferramenta para a identificação da planta.

A análise fitoquímica preliminar das partes da planta de *Butea monosperma* (Lamk.) Taub. (folha, casca e flores) mostrou a presença de vários fitoconstituintes. Os flavonóides, as saponinas e os fenóis estavam presentes em todas as partes da planta (folha, casca e flores). Os metabolitos secundários, como os flavonóides, as saponinas e os fenóis, são responsáveis pelas propriedades medicinais das diferentes partes da planta. Impressão digital HPTLC

confirmou a presença de flavonóides e saponinas na folha, casca e flores de *Butea monosperma* (Lamk.) Taub. A separação dos flavonóides foi conseguida utilizando acetato de etilo-ácido fórmico-ácido acético glacial-água (100:11:11:26) e para as saponinas utilizando a fase móvel clorofórmio-ácido acético-metanol-água

(64:32:12:8).

Os extractos metanólico e aquoso das flores de *Butea monosperma* (Lamk.) Taub. apresentaram uma cor amarela intensa. A análise HPTLC para flavonóides mostrou três bandas visíveis de cor amarela que foram posteriormente analisadas utilizando LC-MS. A análise LC-MS revelou picos visíveis. As análises HPTLC e LC-MS confirmaram a presença de flavonóides como o principal constituinte fitoquímico responsável pela cor.

Os resultados do estudo de toxicidade aguda revelaram a natureza não tóxica do chorume aquoso da folha, casca e flores de *Butea monosperma* (Lamk.) Taub. na dose dada de 2,0g/kg de peso corporal.

No estudo antidiabético, o chorume aquoso das partes da planta (folha, casca e flores) de *Butea monosperma* (Lamk.) Taub. foi administrado durante 14 dias e os resultados obtidos para os estudos de eficácia indicaram que as partes da planta (folha, casca e flores) apresentaram uma boa propriedade hipoglicémica em ratos Albino Wistar com diabetes induzida por estreptozotocina. A pasta aquosa de flores mostrou uma melhor propriedade hipoglicémica. A eficácia foi comparável à do tratamento com o medicamento antidiabético de referência Glibenclamida. As partes da planta podem ser utilizadas como uma mistura de ervas eficaz contra a diabetes.

Nos estudos de atividade antioxidante, ensaio *in vitro* de descoloração do catião radical ABTS, atividade de eliminação do peróxido de hidrogénio, atividade lipídica

A atividade inibidora da peroxidação lipídica, a atividade antioxidante total e o teor de ácido ascórbico foram realizados com flores *de Butea monosperma* (Lamk.) Taub. O extrato aquoso das flores de *Butea monosperma* (Lamk.) Taub. mostrou uma maior percentagem de inibição no ensaio de descoloração do catião radical ABTS e na atividade inibidora da peroxidação lipídica, em comparação com o extrato metanólico. Assim, as flores foram capazes de eliminar radicais livres *in vitro*.

Os extractos alcoólicos da folha, casca e flores de *Butea monosperma* (Lamk.) Taub. mostraram uma boa atividade contra bactérias gram positivas e gram negativas. Os extractos alcoólicos da folha, casca e flores de *Butea monosperma* (Lamk.) Taub. mostraram uma melhor atividade antibacteriana contra a maioria dos organismos testados, enquanto os extractos de n-hexano e éter de petróleo não mostraram atividade antibacteriana contra todos os organismos testados. O extrato de etanol da folha, casca e flores de *Butea monosperma* (Lamk.) Taub. contra *Corynebacterium diphtheriae* foi o melhor (ZOI - 28,00 mm na folha e casca; 27,00 mm nas flores), e comparável ao antibiótico de controlo Ciprofloxacina. As partes da planta *Butea monosperma* (Lamk.) Taub. podem ser utilizadas como uma boa alternativa antibacteriana à base de plantas.

O presente trabalho dá conta das propriedades antidiabéticas e antimicrobianas das partes da planta *Butea monosperma* (Lamk.) Taub. (folha, casca e flores).

Verificou-se que as partes da planta são eficazes como agentes antidiabéticos e antimicrobianos. As flores apresentaram uma atividade antioxidante moderada. No entanto, são necessários mais estudos para isolar os compostos responsáveis pelas acções terapêuticas e também para determinar o modo de ação destes agentes biológicos.

Abeeleh, M. A.; Ismail, Z. B.; Alzaben, K. R.; Abu-Halaweh, S. A.; Al-Essa, K. M.; Abuabeeleh, J. e Alsamady, M. M. (2009). Indução de diabetes mellitus em ratos utilizando estreptozotocina intraperitoneal: Uma comparação entre 2 estirpes de ratos. *Jornal Europeu de Investigação Científica.* **32(3):** 398-402.

Agarwal, A. K.; Singh, M.; Gupta, N.; Saxena, R.; Puri, A.; Verma, A. K.; Saxena, R. P.; Dubey, C. B. e Saxena, K. C. (1994). Tratamento da giardíase por um medicamento fitoterápico imuno-modulador *Pippali rasayana. J. Ethnopharmacology.* **44(3):**143-46.

Agarwal, A. (2005). Questões críticas no controlo da qualidade dos produtos à base de plantas.

Pharma Times. **37(6):** 9-11.

Ahsan, R. Md.; Islam, M. Km.; Haque, E. Md. e Mossaddik, A. Md. (2009). Rastreio antibacteriano *in vitro* e estudo da toxicidade de algumas plantas medicinais diferentes. *Revista Mundial de Ciências Agrícolas.* **5(5):** 617-621.

Ajayi, I. A.; Ajibade, O. e Oderinde, R. A. (2011). Análise fitoquímica preliminar de algumas sementes de plantas. *Revista de Investigação em Ciências Químicas.* **1(3):** 58-62.

Akbarzadeh, A.; Norouzian, D.; Mehrabi, M. R.; Jamshidi, Sh.; Farhangi, A.; Verdi, A. A.; Mofidian, S. M. A. e Rad B. L. (2007) Indução de diabetes por estreptozotocina em ratos. *Indian Journal of Clinical Biochemistry.* **22(2):** 60-64

Almeida, M. R. (1998). Flora de Maharashtra. ICI India R and T Centre.

2: 18-19.

Anónimo (2002). Quality control methods for medicinal plants materials, Organização Mundial de Saúde, Genebra.

Anon, J. W. (1987). A investigação de novos medicamentos de origem natural. *Pharmacy Times.* **50:** 32-39.

Are, C. P.; Adidala, R. R. R. e Puchchakayala, G. (2011). Atividade hipoglicémica e antidiabética de *Glochidion velutinum* em ratos com diabetes tipo 2 induzida por estreptozotocina-nicotinamida. *Revista Europeia de Ciências Biológicas.* **3(4):** 126130.

Arulselvan, P.; Umamaheswari, A. e Fakuraz, S. (2012). Plantas Medicinais como Agentes Antioxidantes: Understanding Their Mechanism of Action and Therapeutic Efficacy (Compreender o seu mecanismo de ação e eficácia terapêutica). ISBN: 978-81-308-0509-2 237-266.

Balamurugan, R e Ignacimuthu, S. (2011). Efeito antidiabético e hipolipidémico do extrato de metanol de *Lippia nodiflora* L. em ratos diabéticos induzidos por estreptozotocina. *Asian Pacific Journal of Tropical Biomedicine.*S30-S36.

Balandrin, M. F.; Klocke, J. A.; Wurtele, E. S. e Bollinger, W. H. (1985). Produtos químicos naturais de plantas: *Sources of Industrial and Medicinal materials Science.* **228:** 1154-1160.

Balick. M. J. e Cox P. A. (1997). Plants, people and culture: the science of ethnobotany (Plantas, pessoas e cultura: a ciência da etnobotânica). *Scientific American Library*, Nova Iorque, NY.

Balunas, M. J. e Kinghorn, D. A. (2005). Drug discovery from medicinal plants. *Life Sci.* **78(5):**431-441.

Bandara, B. M. R.; Kumar, N. S. e Wimalasiri, K. M. S. (1990). Constituintes da casca do caule *de Butea monosperma* (leguminosae). *J. Nat. Sci. Counc.* Sri. Lanka. **18(2):** 97-103.

Bandara, B. M. R.; Kumar, N. S. e Wimalasiri, K. M. S. (1989). Um constituinte antifúngico da casca do caule de *Butea monosperma. J. Ethanopharmacol.* **25:**73.

Bandow, J. E.; Brotz, H.; Leichert, L. I. O.; Labischinski, H. e Heicker, M. (2003). Abordagem proteómica para compreender a ação dos antibióticos. *Antimicro. agents Chemotherap.* **47:**945-955

Barar, F. S. K. (2000). Pharmacotherapeutics. (3rd edition, S. Chand and Company) New Delhi. 340-341.

Bhalla, V. e Walter, H. (1999). Boletim de Investigação da Universidade de Punjab, Ciência. **48:** 87-94

Bhargavan, B.; Gautam, A. K. ; Singh, D.; Kumar, A.; Chaurasia, S.; Tyagi, A. M.; Yadav, D. K.; Mishra, J. S.; Singh, A. B.; Sanyal, S.; Goel, A.; Maurya, R. e Chattopadhyay, N. (2009). As isoflavonas metoxiladas, cajanina e isoformononetina, têm um efeito formador de osso não estrogénico através da sinalização diferencial da proteína quinase activada por mitogénio (MAPK). *J. Cell Biochem.* **108(2):** 388-99.

Bhargava, S. K. (1988). Efeito de formação através da sinalização diferencial da proteína quinase activada por mitogénio. *Journal of cell biochemistry.* **59:** 163- 178

Bhargava, S. K. (1986). Atividade estrogénica e anticoncecional pós-coital em ratos de butina isolada de *Butea monosperma. J. Ethnopharmacology.* **18(1):** 95-101.

Bhatwadekar, A. D.; Chintawar, S. D.; Logade, N. A.; Somani, R. S.; Kasture,V. S. e Kasture, S. B. (1999). Atividade anti-stress das flores de *Butea monosperma. Ind. J. Pharmacol.* **31:** 153-55.

Bierman E. L.; Amaral J. A. e Balknap B. H. (1975). Hiperlipidemia e diabetes mellitus. *Diabetes.* **25:** 509-15.

Blanc, R.; Espejo, T.; Montes, A. L.; Toress, D.; Crovetto, G. Navalon, A. e Vilchez, J. L. (2006). Amostragem e identificação de corantes naturais em mapas e desenhos históricos por cromatografia líquida com deteção por arranjo de díodos. *J. Chromatography A.* **1122:**105-113

Bodakhe, S. H. e Ahuja, M. (2004). Atividade protetora e antimicrobiana de *Butea frondosa* em lentes *in-vitro. J. Pharm. Pharmacol.* **63:** 171.

Boham, A. B. e Kocipai, A. C. (1994). Flavonóides e taninos condensados das folhas de *Hawallan vaccinium* e *V. calicinium. Pacific Sci.* **48:** 458-463.

Boopathy, N. S. e Kathiresan K. (2010). Drogas anticancerígenas da flora marinha: Uma visão geral. *Jornal de Oncologia.* 1-18.

Bousquet, B.; Julein, R.; Bon, R. e Dreux, C. (1971). Determinação da ureia no sangue. *Ann. Biol. Clin.* **29:**415.

Bridha P. e Saraswathy A. (2002). Padronização micromorfológica no comércio de drogas brutas. In: Siddha Medicine, Eds., S. Prema e G. V. Rajamanickam Publicado pela Universidade de Tamil, Thanjavur. 71- 80.

Cadenas, E. e Packer, L. (1996). Antioxidants in health and disease in Vol III. Hand Book of Antioxidants. Plenum Publishers, Nova Iorque.

Caniago, I. e Siebert, S. (1998). Ecologia, conhecimento e conservação de plantas medicinais em Kalimantan, Indonésia. *Botânica Económica* **52:** 229- 250.

Carey, M. W. e Krishna Mohan, G. (2007). Atividade anti-inflamatória e analgésica da casca do caule *de Butea monosperma* (lam) em animais experimentais. *Pharmacologyonline.* **2:** 88-94.

Chauhan, S.; Dwivedi, Dnir.; Kumar, A.; Gururaj, K. e Vihan, V.S. (2010). Triagem *in vitro* de resistência e antibacteriana de alguns extractos de plantas medicinais contra *Klebsiella pneumonia* isolada de cabras pneumónicas. *Asian J. Exp. Biol. Sci.* **1(1):** 136-140.

Chitravadivu, C.; Manian, S. e Kalaichrlvi, K. (2009). Estudos antimicrobianos sobre plantas medicinais selecionadas. *Jornal de investigação científica.* **4(3):** 147152.

Choedon, T. V.; Shukla, S. K. e Kumar V. (2010). Propriedades quimiopreventivas e anti-cancerígenas do extrato aquoso de flores de *Butea monosperma. J. Ethnopharmacol.* **129 (2):** 208-13.

Chokchaisiri, R.; Suaisom, C.; Sriphota, S.; Chindaduang, A.; Chuprajob, T. e Suksamrarn, A. (2009). Flavonóides bioactivos das flores de *Butea monosperma. Chem Pharm Bull.* **57 (4):** 428-32.

Chopra, A. (2000). Medicina ayurvédica e artrite. *Rheum. Disease Clin.* N. AM. **26(1):**133-144.

Chopra, R. N.; Nayar, S. L. e Chopra, I. C. (1956). Glossário de plantas medicinais indianas, conselho de investigação científica e industrial, Nova Deli, 42.

Cheunsoon, A. e Obendorf, S. K. (2006). Análise GC-MS do corante extraído da curcuma. *Fibras e Polímeros.* **7(2):** 158-163.

Cooke, T. (1902). The flora of the Presidency of Bombay. **1(2):** 394-397

Cordell, G. A. (1981). Introdução à abordagem biogenética dos alcalóides. Publicação John Wiley and Sons, Nova Iorque. 892.

Cragg, G. M. e Newman, D. J. (2005). Biodiversidade: A continuing source of novel drug leads. *Pure Appl. Chem.* **77(1):** 7-24.

Cutler J. C. (2013). NLM (fonte de conteúdo); Emily Monosson (editora de tópicos) "Toxicidade" In: Enciclopédia da Terra. Eds. (Washington, D.C.: Environmental Information Coalition, National Council for Science and the Environment). http://www.eoearth.org/article/Toxicity

Dai, J. e Mumper, R. J. (2010). Fenólicos de plantas: Extração, análise e suas propriedades antioxidantes e anticancerígenas. *Molecules.* **15:** 7313-52

Devasagayam, T. P. A. Tilak, J. C. e Boloor, K. K. (2004). Revisão: Radicais livres e antioxidantes na saúde humana: *Curr. Stat. Fut. Prosp.* JAPI, **52:** 704804.

Devlin, T. M. (1997). Text book of Biochemistry, (4th edn, Wileyliss INC, New York, USA, 287.

Dhale, D. A. (2011). Rastreio fitoquímico e atividade antimicrobiana de *Bauhinia variegata* Linn. *Jornal de Ecobiotecnologia.* **3(9):** 04-07

Dutta, N. K.; Mazumdar, K.; Mishra, U. S.; Dastidar, S. G. e Park, J. H. (2007). Isolamento e identificação de flavonas (Quercetina) da casca de *Butea frondosa*. *Jornal de Química Farmacêutica.* **41(5):**37-39.

Edeoga, H. O.; Okwu, D. E. e Mbaebie, B. O. (2005). Constituintes fitoquímicos de algumas plantas medicinais nigerianas. Afr. J. Biotechnol. **4:** 685-688.

Etuk, E. U. (2010). Modelos animais para o estudo da diabetes mellitus. *Agric. Biol. J. N. Am.* **1(2):** 130-134

Fahn, A. (1989). Growth and differentiation in plant. Anatomia vegetal, Pergamon Press, Oxford. 3rd edition.

Fiehn, O.; Kopka, J.; Dormann, P.; Altmann, T.; Trethewey, R. N. e Willmitzer, L. (2000). Metabolite profiling for plant functional genomics. *Nat. Biotechnol.* **18:** 1157-1161.

Garg, S. K.; Mathur, V. S. e Chaudhary, R. R. (1978). Triagem de plantas indianas para atividade antifertilidade. *Ind. J. Exp. Biol.* **16:** 1077-1079.

George, P. (2011). Preocupações relativas à segurança e toxicidade das plantas medicinais - Uma visão geral. *Jornal de Ciências Farmacêuticas Aplicadas.* **01(06):** 40-44

Gerhartz, W.; Yamamota, Y. S.; Campbell, F.T.; Pfefferkorn, R. e Rounsaville, J. F. (1985). Ullmann's Encyclopedia of Industrial Chemistry. **Vol.** A5.

Ghosh, B.; Dasgupta, B. e Sircar, P.K. (1981). *Indian Journal Biochemistry Biophysics.* **18:** 166-169.

Gross, J.H. (2004). Espectrometria de massa. 1st Edition. Springer: Berlim.

Grover, A.; Bhandari, B. S. e Rai, N. (2011). Atividade antimicrobiana de plantas medicinais-Azadirachta *indica* A. Juss, *Allium cepa* L. e *Aloe vera* L. *Int.J. PharmTech Res.* **3(2):** 1059-1065

Guha, P. K.; Pot, R. e Bhattacharyya, A. (1990). Uma imida da vagem de *Butea monosperma*. *Phytochemistry.* **29(6):** 2017.

Guinot, P.; Roge, A.; Argadennec, A.; Garcia, M. Dupont, D.; Lecoeur, E.; Candelier, L. e Andary, C. (2006). Colourisation technology. **122:**93.

Guinot, P.; Annick, G.; Gilles, V.; Alain, F. e Claude, A. (2008). Flavonóides primários no corante de calêndula: extração, estrutura e envolvimento no processo de tingimento. *Phytochem. Anal.* **19:** 46-51.

Gunakkunru, A. K.; Padmanaban, P.; Thirumal, J.; Pritila, G.; Parimala, N.; Vengatesan, N.; Gnanasekar, J. B.; Perianayagam, S.; Sharma, K. e Pillai, K.

K. (2005). Atividade antidiarreica de *Butea monosperma* em animais experimentais. *Journal of Ethnopharmacology*. 241-244.

Gupta, V. K. e Sharma, S. K. (2010). Actividades antioxidantes in vitro do extrato aquoso da raiz de *Ficus Bangalensis* Linn. *Jornal Internacional de Química Biológica*. **4(3):** 134-140.

Gupta, V.; Dwivedi, A. K.; Yadav, D. K.; Kumar, M. e Maurya, R. (2010). Método de fase reversa-HPTLC para determinação de compostos marcadores em NP-1, um produto vegetal anti-osteoporótico de *Butea monosperma*. **5(1):** 47-50.

Gupta, S. R.; Ravindranath, B. e Seshadri, T. (1970). The glucosides of *Butea monosperma*. *Phytochemistry*. **9(10):** 2231-35.

Gurib-Fakim, A. (2006). Plantas medicinais: Tradição de ontem e medicamentos de amanhã. *Mol. Aspects Med.* **27(1):**1-93.

Habbu, P. V.; Mahadevan, K. M.; Shastry, R. A. e Manjunatha, H. (2009). Atividade antimicrobiana de sulfatos de flavonóides e outras fracções de *Argyreia speciosa* (Burm.f) Boj. *Revista indiana de biologia experimental*. **47:** 121-128

Hammond-Kosack, K. E. e Jones, J. G. (1996). Resposta de defesa da planta dependente do gene de resistência. *Célula vegetal*. **8:**1773-1791.

Harborne, J. B. (1973). Phytochemical methods, Chapman and Hall Ltd London. 111-113.

Hodgson, E. (2004) A text book of Modern toxicology. A John Wiley and Sons, Inc. Publicação 3rd ed. Pg. 3.

Indurwade, N. H.; Kawtikwar, P. S.; Kosalge, S. B. e Janbandhu, N. V. (2005). Plantas herbáceas com atividade afrodisíaca. *Indian drugs*. **42(2):** 67-72.

Iqbal, Z.; Lateef, M.; Jabbar, A.; Ghayur, M. N. e Gilani, A. H. (2006). Atividade anti-helmíntica *in vitro* de *Butea monosperma* contra *nemátodos Trichostrongylid* em ovinos. *Fitoterapia*. **77(2):** 137-40.

Iwu, M. M.; Duncan R. A. e Okunji, O. C. (1999). Novos antimicrobianos de origem vegetal. Perspetiva de novas culturas e utilizações. Imprensa ASHPS In: *J. Janick* (Ed). 457462.

Jain, S.; Pandhi, P.; Singh, A.P. e Malhotra, S. (2006). Eficácia de extractos de ervas padronizados na diabetes tipo 1 - Um projeto experimental. *Afr. J. Trad.* **3(4):** 23-33.

Jarald, E. E.; Joshi, S. B. e Jain, D. C. (2008). Atividade antidiabética do extrato aquoso e da fração não polissacárida de *Cynodon dactylon* Pers. *Indian Journal of Experimental Biology*. **46:** 660-667.

Jayasri, M. A.; Gunasekaran, S.; Radha, A. e Mathew, T. L. (2008). Efeito antidiabético das folhas de *Costus pictus* em ratos diabéticos normais e induzidos por estreptozotocina. *Int J Diabetes e Metabolismo*. **16:** 117-122.

Jawaharlal, C. S. e Sabir, M. (1978). Método modificado para o isolamento da palasonina, o princípio anti-helmíntico das sementes de *Butea frondosa*. *Indian. J. Pharma Sciences*. **40:** 97-98.

Ji, H. F.; Li, X.J. e Zhang, H. Y. (2009). Produtos naturais e descoberta de medicamentos. *Relatórios EMBO.* **10(3):** 194-200.

Joshu, H. D. (1991). Management of Diabetes Mellitus, Edn.2, Perspective of care across the life span. 3.

Jung, M.; Park, M.; H-Ch.; Lee; Kang, Y.; Kang. e Kim, S. K. (2006). Agentes antidiabéticos de plantas medicinais. *Química Medicinal Atual.* 13: 1203-1218.

Kagan, V. E.; Kisin, E. R.; Kawai, K. (2002). Towards mechanism based antioxidant interventions (Para intervenções antioxidantes baseadas em mecanismos). *Ann N Y Acad Sci.* **959:** 188-98.

Kaleysaraj, R. e Kurup, P.A. (1968). Atividade anti-helmíntica, toxicidade e outras propriedades farmacológicas da palasonina, o princípio ativo das sementes de *Butea frondosa* e o seu sal de piperazina. *Ind. J. Med. Res.* **56:**1818-1825.

Kamboj, V. P. (2000). Medicina herbal. *Ciência atual.* **78(1):** 35-51.

Kapoor, L. D. (2005). Handbook of Ayurvedic Medicinal Plants, Herbal Reference Library Edition (Replica Press Pvt. Ltd., Índia). 86.

Kapoor, L. D. (1990). CRC Handbook of Ayurvedic medicinal plants. CRC Press, Boca Raton, EUA.

Karthikeyan, A.; Shanthi, V. e Nagasathaya, A. (2009). Rastreio preliminar fitoquímico e antibacteriano do extrato bruto da folha de *Adhatoda vasica. Revista Internacional de Farmácia Verde.* **3(1):** 78-80.

Kasture, V. S.; Chopde, C. T. e Desmukh, V. K. (2000). Atividade anticonvulsiva de *Albizzia lebbeck*, *Hibiscus rosa sinesis*, *Butea monosperma* em animais experimentais. *J. Ethanopharmacol.* **71:** 65-75.

Khan, J. A. e Tewari, S. (2011). Um estudo sobre as propriedades antibacterianas de *Rosa indica* contra vários agentes patogénicos. *Asian Journal of Plant Science and Research.* **1(1):** 22-30.

Khan, M. A.; Qureshi, A. R.; Ullah, F.; Gilani, A. S.; Nosheen, A.; Sahreen, S.; Laghari, K. M.; Laghari, Y. M.; Rehman, U. S.; Hussain, I. e Murad, W. (2011). Análise fitoquímica de plantas medicinais selecionadas de Margalla Hills e arredores. *Journal of Medicinal Plants Research* **5(25):** 6017-6023.

Kharbade, B. V. e Agarwal, O. P. (1985). Identificação de corantes vermelhos naturais em têxteis indianos antigos: Avaliação de sistemas cromatográficos de camada fina. *Journal of Chromatography.* **347:** 447-54

Khare, C. P. (2004). Encyclopaedia of Indian medicinal plants. Springer- Verlag Berlin Heidelberg, Nova Iorque, 113-114.

Kiranmai, M.; Usha, S. B.; Mohammed, I. e Mahendra C. B. K. (2012). Atividade antioxidante e conteúdo total de flavonóides de diferentes partes de *Azadirachta indica* A. Juss. *Jornal de Pesquisa de Plantas Medicinais* Vol. **6(46):** 5737-5742.

Kirtikar, K. R. e Basu, B. D. (1935). Indian Medicinal Plants, Segunda edição (Publicado por Lalit Mohan Basu, Allahabad, Índia) **2:** 1492.

Kirtikar, K. R. e Basu, B. D. (1984). Indian medicinal plants, (Segunda edição) **1:** 785-88.

Koche, D.; Shirsat, R.; Imran, S. e Bhadange D. G. (2010). Rastreio fitoquímico de oito plantas etno-medicinais tradicionalmente utilizadas no distrito de Akola (MS), Índia. *Jornal Internacional de Ciências Farmacêuticas e Biológicas.* **1(4):** 253-55

Kokate, C. K.; Purohit, A. P. e Gokale, S. B. (2001). Pharmacognosy, Edn. 27, Niraliu Prakashan, Pune, 124.

Koren, Z. C. (1994). Análise por HPLC dos corantes naturais de escama de inseto, madder e indigoid. *Journal of the Society of Dyers and Colourists.* **110(8):** 273-277.

Kroschwitz, J. I. e M. Howe-Grant. (1992). Kirk-Othmer encyclopedia of chemical technology, **2:**893

Kumar, S.; Rashmi e Kumar, D. (2010). Avaliação da atividade antidiabética de *Euphoria hirta* Linn. em ratos induzidos por estreptozotocina. *Revista indiana de produtos naturais e recursos.* **1(2):** 200-203

Kumar, S.; Kumar, D. e Prakash, O. (2008). Avaliação do potencial antioxidante, conteúdo fenólico e flavonoide das flores *de Hibiscus Tiliaceus. EJEAF Che.* **7(4):** 2863-2871

Kumari, N. e Sharma, V. (2010). Stress-mediated alteration in V- ATPase and V-PPase of *Butea monosperma. Protoplasma.* **245(1-4):** 125-32.

Kumari, S; Shukla, G e Rao, S. A. (2011). O estado atual das plantas medicinais - aspectos e perspectivas. *Revista internacional de investigação em ciências farmacêuticas e biomédicas.* **2(1):**19-22

Lancer, J. (1985). Insulin and oral hypoglycemic drug, Glycogan, in the pharmacological basis of therapeutic, edited by A.G. Gilman, L.S. Goodman, I.W. Rall and N.D. Murad, 7th **edition**, 1490.

Latner, A; Majeed, M; Badmeev, V e Rajendran, R. (1998) Piperine as bioavalibilty enhancer. Patente dos EUA 5, 744, 161.

Laumas, K. R. e Uniyal, J. P. (1966). Um relatório preliminar sobre a atividade antiestrogénica das pétalas das flores de *Butea frondosa. Indian J. Exp. Biol.* **4:**246.

Lavhale, M. S. e Mishra, S. H. (2007). Avaliação da atividade de eliminação de radicais livres de *Butea monosperma* Lam. *Indian J. Exp. Biol.* **45(4):** 376-84

Lee, S. E.; Hwang, H. J. e Ha, J. S. (2003). Triagem de extractos de plantas medicinais para atividade antioxidante. *Life Sci.* **73:** 167-179.

Leverin, G. e Mc Matron, H. (1999). Alkaloids and Glycosides. *Clin. Microbiol.* Rev. **11:** 156-250.

Loew, D. e Kaszkin M. (2002). Abordagem do problema da bioequivalência do medicamento à base de plantas. *Phytother Res.***16:** 705-711.

Lokesh, D. e Amit, S. D. (2006). Diabetes mellitus, suas possíveis técnicas de avaliação farmacológica e naturoterapia. *Int J Green Pharm.* **1:**15-28.

Long L. H.; Kwee D. C. e Halliwell B. (2000). Free Radic. Res. 32. 181-186

Losso J. N.; Shahidi, F. e Bagchi, D. (2007). Anti-angiogenic functional and medicinal foods. CRC Press. 1st Ed. Pg. 73

Lutterodt, G. H.; Ismail, A.; Basheer, R. H. e Baharudin, H. M. (1999). Antimicrobial effects of *Psidium guajava* extracts as one mechanism of its antidiarrhoel action. *Malaysian J Med Sci.* **6(2):** 17-20.

Madhav, R.; Seshadri, T. R. e Subramanian, G. B. V. (1967). Investigações estruturais da resina de lac: I. Estudos químicos sobre a resina dura. *Indian. J. Chem. Sec.* B. **5:**132.

Magner, L. N. (1992). A history of medicine. Marcel Dekker Inc: Nova Iorque.

Mahanta, D. e Tiwari, S. C. (2005). Natural dye-yielding plants and indigenous knowledge on dye preparation in Arunachal Pradesh, Northeast India, *Curr. Sci.* ***88,*** 1474-1480.

Malpure, P. P.; Abhishek, S. S. e Juvekar, A. R. (2006) Atividade antioxidante e anti-inflamatória do extrato obtido do filtrado de caldo de *Aspergillus candidus* MTCC 2202. *Revista indiana de biologia experimental.* ***44:*** 468-473

Marjorie, M. C. (1999). Produtos vegetais como agentes antimicrobianos. *Clin Microbiol Rev.* ***12(4):*** 564-582.

Mathan, G.; Fatima, G.; Saxena A. K.; Chandan, B. K.; Jaggi, B.S. e Gupta, B. D. (2010). A quimioprevenção com extrato aquoso de flores de *Butea monosperma* resulta na normalização da morfometria nuclear e na inibição de um marcador de proliferação em tumores do fígado.
Phytotherapy Research (no prelo).

Mathekga, A. D. M. (2001). Atividade antimicrobiana de espécies de *Helichrysum* e isolamento de um novo floroglucinol de *Helichrysum caespititium*. Universidade de Pretória. 6.

Maurya, R.; Yadav, D. K.; Singh, G.; Bhargavan, B.; Narayana Murthy P. S., Sahai, M. e Singh, M. M. (2009). Atividade osteogénica de constituintes de *Butea monosperma. Bioorg. Med. chem. Lett.* **19(3):**610-3.

Mengi, S. A. e Deshpande, S. G. (1995). Avaliação comparativa de *Butea frondosa* e Flurbiprofen para atividade anti-inflamatória ocular em coelhos. *Journal of Pharmacy and Pharmacology*. **47:** 997- 1001.

Michael, C. H. (2008). Carvalho venenoso ocidental; Toxicodendron diversilobum. 1a ed., Global Twitcher. Nicklas Stromberg. 49.

Middleton, E. Jr.; Kandaswani C. e Theoharides T.C. (2000). The effects of plant flavonoids on mammalian cells, implication for inflammation, heart disease and cancer. *Pharmacology*. **52:** 673-751.

Miller, M.J.; Sadowsak-Krowicka, H.; Chotinaruemol, S.; Kakkis, J.K. e Clark, D.A. (1993). Melhoria da ileíte crónica pela inibição da óxido nítrico sintase. *J. Pharmacol Exp. Ther.* **264(1):** 11-6.

Mishra, G. J.; Reddy M. N. e Rana J. S. (2012). Isolamento do constituinte flavonoide de Launaea procumbens Roxb. pelo método HPTLC preparativo. *IOSR Journal of Pharmacy*. **2(4):** 05-11.

Mishra, M.; Shukla, Y. N. e Kumar, S. (2000). Euphane triterpenoid e constituintes lipídicos de Butea monosperma. *Phytochemistry.* **54(8):** 835-8.

Mishra, N.; Rout, S.D. e Panda, T. (2011). Estudos etnozoológicos e valores medicinais da Reserva da Biosfera de Similipal, Orissa, Índia. *Afr. J. Pharm. Pharmacol.* **5(1):** 6-11.

Mishra, U. S.; Chakarborty, P.; Dasgupta, A.; Dastidar, S. G.; Martins, M. e Amaral, L. (2009). Potente ação bactericida de uma fração flavonoide isolada da casca do caule de *Butea frondosa*. *In vivo* **23(1):** 29-32.

Molla, M. T. H.; Ahsan, M. S.; Alam, M. T. e Haque, M. E. (2010). Atividade antibacteriana nas folhas de sete plantas medicinais amargas do Bangladesh. *J. Bio-Sci.* **18:** 128-133

Nadkarni, K. M. (2002). Indian Materia Medica (Bombay Popular Prakashan). **1:** 223-25.

Nakayoma, J. e Yamada, M. (1995). Supressão da cito-toxicidade do oxigénio ativo por flavonóides. *Biochem. Pharmcol.* **45:** 265-267.

Newman, D. J.; Cragg, M. G. e Snader, M. K. (2000). A influência dos produtos naturais na descoberta de medicamentos. *Nat. Prod. Res.* **17:** 215-234.

Niessen, W. M. (1998). Avanços na instrumentação em cromatografia líquida-espetrometria de massa e técnicas de introdução de líquidos relacionadas. *J. of Chromatograpy Analysis.* **794:** 407-435.

Nirmala, A.; Saroja, S. e Devi, G. G. (2011). Atividade antidiabética de *Basella rubra* e sua relação com a propriedade antioxidante. *British Biotechnology Journal.* **1(1):** 1-9.

Oberoi, S e Ledwani, L. (2010) Isolamento e caraterização de um novo pigmento vegetal juntamente com três compostos conhecidos das pétalas *de Butea monosperma. Arquivos de investigação científica aplicada.* **2(4):** 68-71.

Diretrizes da OCDE (1998). Um sistema integrado e harmonizado de classificação dos perigos para a saúde humana e os efeitos ambientais dos produtos químicos. ENV/MC/CHEM/HCL (98)15/REV2.

Oke, M. S.; Thomas, P e Shrikhande A. J. (1980). Chalconas do extrato de flores de *Butea frondosa* L. como corante alimentar amarelo. *Journal of Food Science.* **45(3):** 746-747.

Okwu, D.E. (1999). Propriedades aromatizantes de espécies no Fufu de mandioca. *Afr. J. Roots Tuber Crops.* **3(2):**19-21.

Okwu, D. E. e Josiah, C. (2006). Avaliação da composição química de duas plantas medicinais nigerianas. *Revista Africana de Biotecnologia.* **5(4):** 357-361.

Orwa, C.; Mutua, A.; Kindt, R.; Jamnadass R. e Simons, A. (2009). Base de dados Agroforestree**:** Um guia de referência e seleção de árvores versão 4.0. 1-5.

Oyedemi, S. O.; Yakubu, M. T. e Afolayan A. J. (2010). Actividades antidiabéticas do extrato aquoso de folhas de *Leonotis leonurus* em ratos diabéticos induzidos por estreptozotocina. *J. Med. Plant. Res.* **5(1):** 119-125

Pádua de, L.S.; Bunyapraphatsara, N. e Lemmens, R.H.M.J. (1999). Plant resources of South-East Asia. Medicinal and Poisonous Plant, Backhuys Publishers, Leiden, Países Baixos. **12(1)**.

Panda, S.; Jafri, M.; Kar, A. e Mehta, B.K. (2009). Efeitos inibitórios da tiroide, antiperoxidativos e hipoglicémicos do estigmasterol isolado de *Butea monosperma*. *Fitoterapia*. **80(2):**123-6.

Pandey, H.P. (2001). Óleo de semente de *Butea monosperma*: Um tónico sexual e contracetivo tradicional. *Ethanobotany*. **13(1-2):** 118-120.

Pandey, R.; Gautam, A. K.; Bhargavan, B.; Trivedi, R.; Swarnkar, G.; Nagar, G. K.; Yadav, D. K.; Kumar, M.; Rawat, P.; Manickavasagam, L.; Kumar, A.; Goel, A.; Jain, G. K.; Chattopadhyay, N. e Singh, D. (2010). O extrato total e a fração padronizada da casca do caule de *Butea monosperma* têm ação osteoprotectora: Evidência para o efeito osteogénico não estrogénico da fração padronizada menopausa. **17(3):**602-10.

Parekh, J. e Chandra, S. (2007). Atividade antimicrobiana in-vitro e análise fitoquímica de plantas medicinais indianas. *Afri. J. Biol.Res.* **10:**175-181.

Patel, K. e Srinivasan, K. (1997). Alimentos vegetais na gestão da diabetes mellitus: Vegetables as potential hypoglycemic agents. Nahrung **41:** 68-74.

Patil, M. V.; Pawar, S. e Patil, D. A. (2006). Etno-botânica de *Butea monosperma* (Lam.) Kuntze no Norte de Maharashtra, Índia. *Nat. Prod. Rad.* **5(4):** 323-25.

Pattari, L.; Ramanjaneyulu, K.; Buddaraj, V. R. P.; Tejaswi, Ch.; Usha, K. M.; Pavani, S. K.; Meharvineela, P.; Bhargavi, A. e Lakshmi, S. V. V. N. S. (2011). Avaliação *in vitro* da atividade antimicrobiana da folha de *Butea monosperma* (L). *IJDDR*. **3(1):** 0975-9344.

Phulan, R. e Khullar, N. (2004). Avaliação antimicrobiana de algumas plantas medicinais quanto ao seu potencial anti-entérico contra *Salmonella typhi* resistente a múltiplos fármacos. *Investigação em Fitoterapia.* **18(8):** 670-673.

Plummer, D. T. (2003). Uma introdução à bioquímica prática. Tata McGraw- Hill Publishing Company Limited. Vigésima reimpressão. 122-130

Potterat, O. (1997). Antioxidantes e Eliminadores de Radicais Livres de origem Natural. *Current Org. Chem.* **1:**415-440.

Porwal, M.; Sharma, S. e Mehta, B. K. (1988). Isolamento e identificação de um novo derivado do ácido alofânico do revestimento de sementes de *Butea monosperma* (Lam.) Kuntze. *Indian. J. Chem. Sec.* B, **27(3):** 281-82.

Prashant, D.; Asha, M.K.; Amit, A. e Padmaja, R. (2001). Breve relatório: Atividade anti-helmíntica de *Butea monosperma*. *Fitoterapia*. **72(4):** 421-22.

Prior, R. L. (2003). Fruit and vegetables in the prevention of cellular oxidative damage (Fruta e vegetais na prevenção de danos oxidativos celulares). *American Journal of Clinical Nutrition*. **78:** 570S-578S.

Rabe, T. e Staden, J. V. (1997). Atividade antibacteriana de plantas sul-africanas utilizadas para fins medicinais. *J. Ethnopharmacol.* **56:** 81- 87.

Rai, G.; Rajak, P.; Sandhu, N.; Vasudeva, N. e Jindal, S. (2011). *Butea monosperma* (Lam.) Kuntze: Uma revisão. *Revista Internacional de Investigação* *em Farmácia*. **2(7):** 98-108.

Rasheed, Z.; Akhtar, N.; Khan, A.; Khan, K. A. e Haqqi, T. M. (2010). Butrina, isobutrina e buteína da planta medicinal *Butea monosperma* inibem seletivamente o fator nuclear-kappa B em células activadas
mastócitos humanos: supressão do fator de necrose tumoral alfa, da interleucina (IL)-6 e da IL-8. *J. Pharmacol Exp Ther.* **333(2):**354-63.

Rastogi, R. P. e Mehrotra, B. N. (1979). Compendium of Indian Medicinal Plants, (CDRI, Lucknow e Direção de Publicação e Informação, Nova Deli). **2:** 115.

Rao, U. M.; Sreenivasulu, M.; Chenigaiah, B.; Reddy, J. K. e Chetty, C. M. (2010). Medicamentos à base de plantas para a diabetes mellitus: A review. *Revista Internacional de Investigação Farmacêutica*. **2(3):** 1883-1892.

Rao, M. L. e Savithramma, N. (2012). Análise quantitativa de alguns metabólitos secundários do molde *de Svensonia hyderobadensis* (Walp.): Uma planta medicinal rara. *Int J. Green Pharm.* **6(2):** 130-132.

Ray, S. e Sharma, A. (2012). Atividade antidiabética da casca de *Caralluma edulis* e extrato de folhas contra ratos diabéticos induzidos por estreptozotocina. *NSHM Journal of Pharmacy and Healthcare Management.* **3:** 76-81

Razdan, M. K.; Kapila, K. e Bhide, N. K. (1970). Estudo da atividade anti-estrogénica do extrato alcoólico de pétalas e sementes de Butea frondosa. *Indian J.Physiol. Pharmacol.* **14:**57.

Re, R.; Pellegrini, N.; Proteggente, A.; Pannala, A.; Yang, M. e Rice-Evans, C. (1999). Atividade antioxidante aplicando um ensaio melhorado de descoloração do radical catião ABTS. *Free Radic Biol Med.* **26(9- 10):**1231-7.

Resmi, C.R. (2001). Efeitos antidiabéticos do medicamento à base de plantas em ratos diabéticos Alloxan. *Indian Drugs.* **38(6):**319.

Riemersma, R. A.; Carruthers, K. F.; Elton, R. A. e Fox, K. A.
(2000). Vitamin-C and the risk of acute myocardial infarction. *American J. Clin. Nutr.* ***179:*** 1181-1186.

Robinson, G. M. (1937). Leucoantocianinas III. As formações de cloreto de cianidina formam um constituinte da goma de *Butea frondosa*. *J. Chem. Soc.*1157.

Sadasivam, S. e Manickam, A. (2004). Biochemical Methods. 3ª ed., New Age International Publishers, Nova Deli.

Samanta, A. K. e Konar, A. (2011). Tingimento de têxteis com corantes naturais. Edição do Dr. Emriye Akcakoca Kumbasar. 978-953-307-783-3.

Samuelsson, G. (2004). Fármacos de origem natural*:* A textbook of pharmacognosy. 5th Swedish Pharmaceutical Press, Estocolmo.

Sanchez-Moreno, C. (2002). Métodos utilizados para avaliar a atividade de eliminação de radicais livres em alimentos e sistemas biológicos. *Food Sci. Technol. Int.* ***8:*** 121-137.

Schoeller, W.; Dohrn, M. e Hohlweg, W. (1938). Produtos estrogénicos. Patente*:* US 2,112,712 *:*2.

Sehrawat, A.; Khan, T.H.; Prasad, L. e Sultana, S. (2006). *Butea monosperma* e quimio-modulação; papel protetor contra alterações hepáticas mediadas por tioacetamida em ratos Wistar. *Fitomedicina.* ***13(3):*** 157-163.

Shah, B. e Seth, A. (2010). Textbook Of Pharmacognosy And Phytochemistry, Editora*:* Elseiver, 510-511.

Shah, K. C.; Baxi, A. J. e Dave K. K. (1992). Isolamento e identificação de açúcares livres e aminoácidos livres das flores de *Butea frondosa Roxb. Indian drugs.* **29(9):** 422-23.

Shah, K. G.; Baxi, A. J.; Shukla, V. J.; Dave, K. K.; De, S. e Ravishankar, B. (1990). Estudos fitoquímicos e atividade antiestrogénica das flores de *Butea frondosa* (*Butea monosperma*). *Ind. J. Pharm. Sci.* **52:** 272-75.

Shahavi, V. M. e Desai, S. K. (2008). Atividade anti-inflamatória das flores de *Butea monosperma. Fitoterapia.* **79(2):** 82-85.

Sharma, N. e Garg, V. (2009). Potencial anti-hiperglicémico e antioxidativo do extrato hidroalcoólico das flores de *Butea monosperma* Lam em ratos diabéticos induzidos por aloxano. *Indian J. Exp. Biol.* **47(7):**571-6.

Sharma, N. e Garg, V. (2011). Potencial anti-hiperglicémico e antioxidativo do extrato hidroalcoólico de sementes *de Butea monosperma* (Lam.) e dos seus constituintes activos. *Indian J. Exp. Biol.* **49(10):**756-66.

Sharma, N. e Shukla, S. (2010). Potencial hepatoprotector do extrato aquoso de *Butea monosperma* contra danos induzidos por CCl(4) em ratos. *Exp. Toxicol. Pathol.* 17.

Sharma, P. C.; Yelne, M. B. e Dennis, T. J. (2000). Base de dados sobre plantas medicinais. Conselho Central de Investigação em Ayurveda e Siddha. **1:**336-339.

Shirwaikar, A.; Prabhu, K. e Punitha, I. S. R. (2006). Estudos antioxidantes *in vitro* de *Sphaeranthus indicus* (Linn). *Jornal Indiano de Biologia Experimental.* **44:** 993-996.

Sies, H. (1996). Antioxidants in Disease, Mechanisms and Therapy, Academic Press, New York.

Singh, V.; Patel, J. R.; Tyagi, L. K.; Gaur, K. e Kori, M. L. (2009) Antimicrobial Activity and Phytochemical Analysis of Stem Bark of *Balanites roxburghii* Planch. *Revista Académica de Ciências Vegetais* **2 (2):** 109-112.

Singh, A. N.; Upadhye, A. B.; Mhaskar, V. V. e Dev, S. (1974). Componentes da resina macia. *Tetrahedron.* **30(7):** 867-74.

Singh, R. V. (2001). Colorir plantas - Um meio inovador para divulgar a mensagem da conservação. *Até à Terra.* 25-27.

Siva, R. (2007). Situação dos corantes naturais e das plantas produtoras de corantes na Índia. *Current Science.* **92(7):** 916-25.

Sivakumar, R. e Alagesaboopathi, C. (2006). Atividade antimicrobiana de duas formas diferentes de Abrus precatorius L. *Ad. Plant Sci.* **19(2):** 409- 413.

Sivanandham, V. (2011). Radicais livres na saúde e nas doenças - Uma mini revisão. *Pharmocology online.* **1:**1062-1077

Sofowra, A. (1993). Medicinal plants and traditional medicine in Africe (Plantas medicinais e medicina tradicional em África). Spectrum Books Ltd., Ibadan, Nigéria, pp. 191-289.

Somani, R.; Kasture, S. e Singhai, A. K. (2006). Potencial antidiabético de *Butea monosperma* em ratos. *Fitoterapia.* **77(2):** 86-90.

Srivastava, J.; Lambert, J. e Vietmeyer, N. (1996). Plantas medicinais: An expanding role in development. Documento técnico do Banco Mundial. No.320.

Srivastava, M; Banerji, R.; Rawat, A. K. e Mehrotra, S. (2006). Composição de Ácidos Gordos de Algumas Sementes Medicinais Úteis. *J. Herb. Pharmcother.* **6(1):** 41-47.

Srujana, T. S.; Babu, K. R.; Rao, B. S. S. (2012). Investigação fitoquímica e atividade biológica do extrato de folhas da planta *Boswellia Serrata. A Inovação Farmacêutica.* **1(5):** 25-52.

Sumitra, M.; Manikandan, P. e Suguna, L. (2005). Eficácia de *Butea monosperma* na cicatrização de feridas dérmicas em ratos. *Int J Biochem Cell Biol.* **37(3):** 566-73.

Szepesi, G. (1993). Alguns aspectos da validação de métodos cromatográficos planos utilizados na análise farmacêutica. I. Princípios gerais e abordagens práticas. *J Planar. Chromatogr.* **6:**187-189.

Szosetek, S.; Grwrys, J. O.; Surowiec, I. e Trojanowicz, M. J. (2003). Investigação de corantes naturais presentes em têxteis coptas históricos por cromatografia líquida de alta eficiência com deteção UV-Vis e espetrometria de massa. *Journal of chromatography analysis.* **1012:**179.

Taiz, L. e Zeiger, E. (2006). Plant physiology, 4th edn. Sinauer Associates, Inc. Publishers, Massachusetts. Cap. 13. pp. 315-344.

Tantawy, W. H. El. e Hassanin, L. A. (2007). Efeito hipoglicémico e hipolipidémico do extrato alcoólico de *Tribulus alatus* em ratos diabéticos induzidos por estreptozotocina: Um estudo comparativo com *T. terrestris. Jornal Indiano de Biologia Experimental.* **45:** 785-790.

Thakur, I. S. (2006). Biotecnologia industrial: Problem and remedies. Editora: I. K. International Pvt. Ltd. Pg. 216.

A Riqueza da Índia. (1948). Um dicionário de matérias-primas e produtos industriais da Índia. (Direção de Publicação e Informação, CSIR, Nova Deli, 1948) **1:251-52**.

A Riqueza da Índia. (2003). A Dictionary of Indian Raw Materials and Industrial Products, Conselho de Investigação Científica e Investigação Industrial, Instituto Nacional de Comunicação Científica e Recursos de Informação, Nova Deli. Vol. 4.

Tolstikov, V. V. e Fiehn, O. (2002). Análise de compostos altamente polares de origem vegetal: combinação de cromatografia de interação hidrofílica e espetrometria de massa com armadilha de iões electrospray. *Anal Biochem* **301:**298-307

Torben H. (2002). Genetics of type 2 diabetes. *Curr Sci.* **83:**1477-82.

Trease, G. e Evans, W. (1972). Pharmacognosy, Univ. Press, Aberdeen, Grã-

Bretanha. 161-163.

Trease, G. E. e Evans, W. C. (1989). Pharmacognosy, 11th edn., Bailliere Tindall, Londres. 45-50.

Trinder P. (1969). Determinação da glicose no sangue utilizando um sistema de oxidase peroxidase com um cromogénio não cancerígeno. *J. Clin. Path.* **22:** 158-161.

Uniyal, S. K.; Singh, K. N.; Jamwal, P. e Lal, B. (2006). Traditional use of medicinal plants among the tribal communities of Chhota Bhangal, Western Himalayan. *J. Ethnobiol. Ethnomed.* **2:**1-14.

Vaijanathappa, J.; Badami, S. e Bhojraj, S. (2008). Atividade antioxidante *in vitro* de *Enicostemma axillare. Jornal de ciências da saúde* **54(5)***:* 524-528

VanEtten, H. D.; Mansfield, J. W.; Bailey, J. A. e Farmer, F. E. (1994). Cartas ao editor. Duas classes de antibióticos vegetais: Phytoalexins versus phytoanticipins. *Célula vegetal.* **6:** 1191-1192.

VanEtten, H. D., Sandrock, R. W., Wasman, C. C., Say, H. D. e Mcluskey, K. (1995). Detoxificação de fitoanticipinas e fitoalexinas por fungos patogénicos. *Canadian J. of Botany.* **73:** 518-525.

Vankar, P. S. (2007). Natural Dyes for Industrial Applications (Corantes naturais para aplicações industriais). Editora: Instituto Nacional de Investigação Industrial, 1.

Vatzidis H. (1977). Um procedimento prático para a determinação da proteína sérica total no sangue. *Clin. Chem.* **23:** 908-911.

Velavan S. e Begum V. H. (2007). Otimização da atividade de *Asparagus racemosus* na peroxidação lipídica plasmática e antioxidante em ratos idosos. *Pharmacologyonline.* **2:** 61-71

Venkatesh, S.; Reddy, G.D.; Reddy, B. M.; Ramesh, M. e Apparao, A. V. N. (2003). Atividade anti-hiperglicémica do *asttenuato de Carulluma. Fitorapia.* **74:** 274-277.

Vinodh, R.; Elumalai, L. K.; Sangeetha, D. e Rengasamy, R. (2009). Síntese, caraterização e atividade antimicrobiana de novo poli (estireno etileno butileno poliestireno) quaternizado. *J. Biosci. Tech.* **1(1):** 45-51.

Wadkar, K. A.; Magdum, C. S.; Patil, S. S. e Naikwade, N. S. (2008). Potencial antidiabético e plantas medicinais indianas. *Jornal de Medicina Herbal e Toxicologia.* **2(1):** 45-50

Wagner, H.; Geyer, B.; Fiebig, M.; Kiso, Y. e Hikino H. (1986). Isobutrina e Butrina, os princípios anti-hepatotóxicos das flores de *Butea monosperma. Planta Med.* **52(2):** 77-79.

Wagner, H. e Bladt, S. (1996). Análise de drogas vegetais: A thin layer chormoatography atlas. Segunda edição. Springer-Verlag Berlin Heidelberg, Nova Iorque. 195-198, 305-354.

Wallace, A. Y. (1994). Princípios e métodos de toxicologia. Segunda edição. Raven Press, Nova Iorque, 174-177.

Walum, E. (1998). Toxicidade oral aguda. *Environ Health Perspect.* **106(2):** 497-503.

Wani, M. S. (2007). Atividade antibiótica de plantas à base de plantas. *Pharmainfo.net.*
5(6).

Westh, H.; Zinn, C. S. e Rosdahl, V. T. (2004). Um estudo multicêntrico internacional do consumo e resistência antimicrobianos em isolados de *Staphylococcus aureus* de 15 hospitais em 14 países. *Microbial Drug Resistance* **10:** 169176.

OMS. (1977). Resolução-promoção e desenvolvimento da formação e investigação em medicina tradicional. Documento da OMS n.º **30:** 49.

Comité de Peritos da OMS em Diabetes Mellitus. (1980). Série de Relatórios Técnicos (Organização Mundial de Saúde, Genebra).

Wongkham, S.; Wongkham, C.; Trisonnthi, C.; Boonsiri, P. S. Simasathiansophon, S. e Atisook, K. (1994). Isolamento e propriedades de uma lectina das sementes de *Butea monosperma. Ciência das plantas.* **103:** 121-126.

Wybenga, D. R.; Pileggi, V. J.; Dirstine, P. H. e Giorgio, J. D. (1970). Determinação manual direta do colesterol total no soro com um único reagente estável. *Clinical Chemistry.* **16(12):** 980-84.

Yadav, R. N. S. e Agarwala, M. (2011). Análise fitoquímica de algumas plantas medicinais. *Jornal de Fitologia.* **3(12):** 10-14.

Yamunadevi, M.; Wesely, E. G. e Johnson, M. (2012). Estudos cromatográficos de impressão digital em saponinas de *Aerva lanata* (L.) juss. ex schultesby usando HPTLC. *Int J Curr Pharm Res.* **4(2):** 52-57.

Yarborough, P.C. e Rodgers, S.T. (2001) Comprehensive pharmacy review. 4th ed. Lippincott Williams and Wilkins, Nova Iorque.

Zohar, K.; Hilla, G. S. e Yarden, O. D. (2005). Extração assistida por micro-ondas de saponinas bioactivas do grão-de-bico (*Cicer arietinum* L) *Journal of the Science of Food and Agriculture.* **85**:406-412

Zhao Z. (2010). Aplicação de técnicas microscópicas para a autenticação de medicamentos fitoterápicos, Microscopia: ciência, tecnologia, aplicações e Educação, A. Mendes e J. Diaz (Eds): 805-812.

MIX
Papier aus verantwortungsvollen Quellen
Paper from responsible sources
FSC® C105338

Printed by Books on Demand GmbH, Norderstedt / Germany